공대생은
생각한다

Version 1.0

● ● ● ● ● ● ● ● ● ● ● ● ● ● ● ● ●

Engineer Thinking Ver. 1.0

박 진 성 지음

가우스북

공대생은
생각한다
Version 1.0

●●●●●●●●●●●●●●●●●●●●●

Engineer Thinking Ver. 1.0

공대생은 생각한다 Version 1.0
Engineer Thinking Ver. 1.0

초판 1 쇄 발행 2024 년 2 월 20 일
지은이 박진성
편집인 이소영
펴낸곳 가우스북
출판등록 제 2023-000009 호

교정 이소영
디자인 이소영
편집 이소영, 박혜민
검수 박진성, 박혜민

주소 광주광역시 남구 효사랑길 14
전화/팩스 062-419-6336
이메일 gausbuk@naver.com
홈페이지 https://www.gausbuk.com
ISBN 979-11-984451-2-4
값 21,000 원

- 이 책의 판권은 지은이에게 있습니다.
- 이 책 내용의 전부 또는 일부를 재사용하려면 반드시 지은이의 서면 동의를 받아야 합니다.
- 잘못된 책은 구입하신 곳에서 바꾸어 드립니다.

저자 박진성
현재 조선대학교 공과대학 교수입니다. 가우스텍(주)를 창업했으며,
미국 오하이오 주립 대학 객원 교수 및 삼성전자 반도체 연구소에서 근무했습니다.
한국과학기술원(KAIST)에서 석사와 박사를 졸업했고,
연세대학교 세라믹 공학과에서 학사를 마쳤습니다.

목 차

서문: 공대생이 고민하고, 생각한 것들	3
1. 지식과 지혜, 그리고 창의성	11
2. 창의성, 습관, 사회적 분위기	23
3. 기술혁명은 계속 되는가?	35
4. 일(직업)의 의미와 행복	47
5. 경제와 자산, 그리고 노동가치와 지도자	59
6. 직장 적응과 21 세기 직장 문화	75
7. 경제와 이익	91
8. 성공의 기준은 무엇인가?	105
9. 한국과 미국의 경제성장률 비교	111
10. 나는 지도(Map)가 있는가?	119
11. Open system or Closed system	127
12. 공대생, 이과생, 문과생 차이는?	137
13. 공과대학의 3 대 학과는?	147
14. 과학과 공학의 차이는?	167
15. 임진왜란과 도자기 전쟁	185
16. 독립운동가의 선물	193
17. 왜, 20 대는 반항아 인가?	201
18. 종교의 본질은 무엇인가?	209
19. OECD 최고 소득과 한국 위기는?	219
20. 대한민국은 행복한가?	247
21. 빨리 빨리하기와 반성	261
22. 왜, 용서는 필요한가?	267
23. 사고의 성장과 공감	275
24. 여행과 힐링(Healing)	285
25. 인류 진화와 기술 문명	291
26. 꿈(Dream)과 희망(Hope)	303
27. 저 출산과 교육, 그리고 공대생의 꿈	309
부록: "공대생은 생각한다" 글을 마치며	339

서 문
< 공대생이 고민하고, 생각한 것들 >

공대생과 이과생의 학기 중 자퇴가 적지 않습니다. 세계 속에서 혁신가들과 경쟁하고 성취하기보다는 안정한 내수용 의사 직업군을 이들은 원하고 있습니다. 의사 수가 적어 경쟁(Competition)과 도태(Selection)도 없고, 대한민국 수준을 초과하는 OECD 최고 연봉 때문에 내수용 의사를 선택 합니다. 그러나 조금만 눈을 넓혀서 보면 지금처럼 기술 변화가 급변하는 작금에, 시류에 편향하기보다는 세상을 보는 눈과 소명(Mission) 의식이 있었으면 합니다. 지금은 의과대학의 성형외과, 정신과가 인기지만, 이전에는 내과, 외과와 같은 필수 학과가 인기 였습니다. 또 한 학교 내에서 의과대학 다음이 공과대학 이었습니다. 그리고 공무원과 교사 열풍도 있었습니다. 세상은 빠르게 변하고 있습니다. 그래서 우리는 미래를 알고자 합니다. 그러나 가능하지 않기에 오늘도 각자가 생각한 문을 두드립니다.

그래도 내일의 흐름과 징후를 파악하려고 해야 합니다. 영화 〈터미네이터(The Terminator)〉는 곧 돌아올 2029년 LA에서 인간과 로봇이 전쟁 중, 시간 여행으로 1984년에 온 T-101 로봇에 관한 내용으로, 제임스 카메론 감독이 1984년에 개봉한 영화 입니다. 영화의 2029년과 현재의 AI(인공 지능) 발전 속도가 거의 일치하고 있습니다. 영화에서는 인간이 AI 로봇을 물리치고 승리할 듯 합니다. 실제는 적대적 전쟁보다는 상호 보완적으로 발전하고 있지만, 인류에게 유리하지는 않습니다. 1980년대는 AI 개념도 희박했지만, 이 영화는 AI 영화 입니다. 미래도 아닌 내일, 아니 오늘 관심을 가져야 할 우선 순위가 AI 입니다. ChatGPT(Generative Pre-trained Transformer)는 AI의 진화를 보여주고 있고, 핸드폰 이상의 영향을 우리에게 줄 것입니다. 또 삶을 변화시킬 기술은 Metaverse(가상세계) 입니다.

　세상 살기가 어려워 위로와 위안을 주는 책이 많습니다. 힘들고 어려우면, 그 상황을 잠시 피하는 것, 다른 각도에서 다시 생각하는 것, 위안과 휴식을 갖는 것도 한 방법 입니다. 그러나 도전하고, 전략을 짜고, 기한을 정하고, 몰입하고, 이겨 내고, 승리하는 것, 이것도 힐링(Healing) 입니다. 실패할 수도 있습니다. 정면으로 부딪쳐 보고, 전력을 다하고, 승부를 보는 것, 이것도 힐링(Healing)의 한 방법 입니다.

대한민국 경제 개발 초기에는 학생 다수의 장래 희망이 과학자 였습니다. 20세기의 추상적인 과학자에서, 21세기는 유튜버, 아이돌, 웹툰 작가 등의 현실에서 성공한 사람이 선망의 대상이 됩니다. 인간이 인간인 이유 중 하나는 도달하기 어려운, 현실에 없는 이상을 추구하기 때문 입니다. 21세기 한국의 이상이 많이 줄었습니다. 그래도 이상과 꿈을 추구하는 사람이 있었기에 대한민국이 독립했고, 오늘의 경제발전을 이루었습니다. 21세기와 22세기에도 이상과 꿈을 추구하는 사람이 많았으면 합니다. 꿈은 이루어졌을 때보다 꿈꾸고 도전할 때 행복 합니다.

  저 출산과 함께 대한민국 위기는 인재의 의사 편중 입니다. 절대 숫자가 부족해서 경쟁(Competition)과 도태(Selection)도 없고, 대한민국 수준을 초과하는 OECD 회원국 중 가장 높은 연봉 때문에, 내수용 의사 직업군에 인재가 몰리고 있습니다. 전문가 수준의 내수용 의사 직업에 세계에서 경쟁할 혁신가 수준의 인재가 몰려서, 혁신가가 필요한 공대와 산업계에 인재가 부족 합니다. 의사 직업의 정의는 의사를 필요로 하는 환자를 돕는 공공재라는 것입니다. 소명과 정의는 고사하고, 진화(Evolution)론의 경쟁과 도태도 거부하는, 대한민국 의사직업군은 수익을 우선 합니다. 정부는 의사 입학 정원 결정에서 이익 단체이며 기득권인 대한의사협회를 배제하고, 국가 정책에 따라 정부가 독자적으로 결정해야 합니다. 적은 수의 의사 증원은 의사 집단의 카르텔을 공고히 해서, 세계에서 경쟁할 혁신가급 인재를 내수용 전문 의사로만 흡수할 뿐입니다. 타 분야처럼 경쟁과 도태가 가능한 의사 수 증원이 이루어지면, 인재 편중이 완화되어 대한민국은 혁신국가로 도약할 수 있습니다.

21세기 공대생의 패기와 꿈이 작아졌습니다. 그래도 희망은 공학 입니다. 21세기는 공학기술을 아는 공대생 시대 입니다. 공학과 과학의 꿈을 성취할 자는 공대생 입니다. 시간이 자원임을 알고, 전략과 전술을 세워 세계와 경쟁할 사람은 공대생 뿐입니다.

문과생이 국가를 책임진 듯하지만, 그들은 공학기술을 모르기에 고민하다가, 세계가 추구하는 방향이 아닌 본인 과거로 판단해서 결정 합니다. 공학기술 혁명 시대에 생각하고, 설계해서 창조하고, 실행할 사람은 공대생 입니다. 그래서 기술과 문명, 그리고 국가의 오늘과 미래를 책임질 사람은 공대생 입니다. 공학기술은 문(펜)보다 무(칼)보다 강합니다.

이글은 공대생과 미래를 준비하는 학생과 부모가 생각해 보았으면 하는 글 입니다. 그래서 공대생 관련인이 읽어도 좋고, 학생 부모가 내일의 진로를 고민할 때 읽어도 좋습니다. 철학자도 경제학자도 예술가도 아니지만, 공대생 출신으로 고민하고 생각한 것을 적었습니다.

공대생이
고민하고, 생각한 것들

고민은

해결안이 없어서 혼돈 속에서 헤매는 괴로움 입니다.

생각은

해결책이 있어서 이것을 이루어 가는 과정 입니다.

1. 지식과 지혜, 그리고 창의성

지식(Knowledge)은 어떤 것에 대하여 배우거나 경험을 통하여 알게 된 명확한 인식이나 이해를 의미 합니다. 경험과 교육을 통해 익힐 수 있습니다. 세대 간에 전승도 됩니다. 배움과 이해에 능력 차이도 존재 합니다.

지혜(Wisdom)는 세상 사물의 이치를 깨닫고, 사물을 정확하게 처리하는 본질적 능력 입니다. 인생 및 상황에 대해 긍정적인 관점과 타인에 대한 공감과 이해의 통합적 의미가 포함된 것을 말 합니다. 삶 자체의 개인적 깨달음이기도 합니다.

창의성(Creativity)은 기존의 기능과 성능, 그리고 가치가 개별적으로 있던 것들을 융합해서, 세상에 없던(Unprecedented) 독창적(Unique) 기능과 성능을 부여할 수 있는 능력 입니다.

사전적 의미의 확장은 위와 같지만, 정확히 이해하기는 거리가 있습니다.

신입생이나 수강 신청한 학생에게 여러분들이 이 학과에 오고, 이 과목을 신청한 것은 지식을 쌓기 위해서 왔지, 지혜나 창의성을 배우러 온 것이 아니라고 이야기 합니다. 이 과목에서 지혜나 창의성을 찾으려면 다른 곳이 더 빠를 수 있다고 이야기 합니다. 지식을 배양하는 방법은 첫째는 이해이고 두 번째는 암기 입니다. 이것을 3번은 반복해야 어느 정도의 지식이 생깁니다. 여러분이 초등학교부터 공부한 것, 국어이든, 수학이든, 역사이든 다 지식을 쌓는 과정이지, 지혜를 쌓는 과정이 아닙니다. 지식에 암기는 필수 입니다. 수학도 기본은 이해와 암기 입니다. 요즘의 데이터 센터인 클라우드를 활용해서 이해만 하고, 암기는 클라우드에 맡겨도 된다고 합니다. 아닙니다. 데이터가 작을 때는 클라우드도 가능하지만, 많아지면 머리 속 암기만한 것이 없습니다. 이해는 재능이지만 암기는 노력 입니다. 이해하고 암기 하세요. 암기는 효율성을 높이고 활용도를 확장 합니다. 진정한 공부의 완성은 이해하고 암기하는 것입니다.

지혜는 지식으로 보충할 수 있지만, 지식보다는 원초적 입니다. 아무리 지식을 쌓아도 지혜가 부족한 사람이 많고, 지식은 많지 않아도 지혜로운 사람이 있습니다.

그러나 공대생의 지혜는 지식과 밀접한 관계가 있습니다. 공대 지식이 없으면 공대생에게 지혜는 나올 수 없습니다. 지식의 통찰, 끝없는 고민 속에서 지혜가 나옵니다. 과학사와 심리학에 자주 인용되는 유명한 벤젠의 육각형 고리라는 것이 있습니다. 1865년 겨울, 독일의 화학자 케쿨러는 벤젠이 6개의 탄소 원자가 육각형 고리 모양으로 뱀이 서로의 꼬리를 무는 형태라고 했습니다. 당시 과학자들은 벤젠이 탄소 6개와 수소 6개로 이루어진 화합물인지는 알았습니다. 그러나 종래의 선형 화학식으로 화합물 모형을 만들 수 없어서 고민하고 있었습니다. 케쿨러가 꿈속에서 육각형 벤젠 고리를 발견한 것에는 많은 이의도 있지만, 일반인 혹은 화학 지식이 없는 사람이 벤젠의 육각형 고리 모양을 생각할 수 없습니다.

　공대생을 위한 '창의적 공학 설계'라는 과목이 1학년에 있습니다. 창의성에 대한 접근 방법을 알려 주는 것이라면 1학년에서 배워도 상관 없지만, 공학적 창의성 결과를 기대하기는 어렵습니다. 1학년은 공대의 지식을 배우려는 자세를 가진 신입생입니다. 공과대학 1학년은 의지는 있으나, 공학적 지식이 부족한 학생들이기 때문 입니다. 정확한 수준과 목표를 인지하고 진행해야 좋은 결과가 창출 됩니다.

　지식, 지혜, 창의성에도 수준이 있습니다.
　수준을 올리는 데는 교육과 학습이 기본 입니다.
　그리고 고민과 몰입이 필수 입니다.
　공과대학 졸업생 수준의 지식이 있어야 공대생 수준의 지혜가 나오고, 공대생 수준의 창의성이 발휘 됩니다.

　창의성은 지식과 지혜, 그리고 고민과 영감의 종합 입니다. 혁신의 매개체는 지식과 창의성 입니다. 인류는 선형으로 점차적 발전으로 오늘에 이른 것이 아닙니다. 농업혁명, 1차 산업혁명, 2차 산업혁명, 3차 산업혁명, 4차 산업혁명을 거치며 비약적인 지식과 문명을 만들고 있습니다. 각각의 산업혁명은 다르게 생각하고 실행했던 창의성의 결과 입니다. 점진적인 선형 발전으로 오늘의 지구 최대의 문제인 지구 온난화를 해결하기 어렵습니다. 창의적인 생각과 실행으로 인류의 당면 문제를 해결하고, 미래를 설계할 수 있습니다. 그래서 일상이 달라집니다. 이것이 혁신이고, 창조이고, 혁명 입니다.

21세기 창의성을 이야기 합니다.

20세기의 창의성과 개념이 달라졌습니다. 20세기 창의성은 무에서 새로운 것을 발견하고 발명하는 것이라 배웠습니다. 21세기의 창의성은 기존 기술을 결합하고 융합해서, 새로운 효용성과 기능을 갖도록 하는 것을 발견하고 발명하는 것입니다. 없던 것을 발견하고 창조하는 것이 아니라, 기존 기술의 결합과 융합이 중요한 요소 입니다. 기존 기술에 대한 지식과 경험, 이것을 융합할 상상력과 실행력이 창의성 입니다. 기존 기술의 융합만이 21세기 창의성의 전부는 아닙니다. 새로운 아이디어, 없던 것을 만들어서 융합하는 것도 창의성 입니다. 그러기 위해서는 수준 높게 알고, 배워야 합니다. 수월성 교육과 하향 평준화 교육으로는 21세기에 요구되는 창의성을 달성할 수 없습니다.

21세기 대표적 창의성을 갖는 사람으로 언급되는 사람이 애플의 스티브 잡스 입니다. 1955년에 샌프란시스코에서 태어난 스티브 잡스는 생물학적인 부모에게 버림받고, 양부모에게 입양 되었습니다. 생물학적 부모는 양부모 조건으로 스티브 잡스를 대학에 보내 줄 수 있는 부모로 한정 했습니다. 어릴 때부터 전자 기기에 접할 기회가 있었고, 고등학교 시절에는 HP(휴렛팩커드사)에서 방과 후 수업도 듣습니다. 양부모는 약속대로 잡스를 리드 칼리지 대학에 보냅니다. 잡스는 대학 1학년 중퇴 후에도 청강생으로 남아 강의를 들었고, 특히 캘리그래피라는 서체 과목을 흥미 있게 수강 했습니다. 나중에 이것이 애플의 수려한 글자체 표현에 기여 합니다. 또한 불교에 입문 합니다. 이러한 과정을 통해 디자인의 단순함과 불교는 밀접한 관계를 갖습니다. 아무 관련도 없던 것과 같은, 서체의 점이 애플 아이폰으로 연결되는 선 이론 입니다.

2007년까지 애플사를 제외한 모든 핸드폰 회사들이 기계적으로 버튼을 누르는 무선 핸드폰 형태 였습니다. 2007년 1월 9일 애플은 iOS 모바일 운영 체계를 사용한 터치스크린 기반 휴대 전화인 아이폰을 스티브 잡스가 발표 했고, 2007년 6월 29일 출시 합니다. 특징은 아이폰의 사용자 인터페이스가 가상 키

보드를 갖춘 멀티 터치 화면이라는 것입니다. 이로써 세상은, 문명은 바뀌었고, 인류는 호모 사피엔스(Homo Sapiens)가 아닌 포노 사피엔스(Phono Sapiens)로 진화했다고 합니다. 인류의 80% 이상이 핸드폰을 소유 합니다. 핸드폰이 없으면 의사소통은 물론 정보 수집이 안 됩니다. 다시 말해서 생존을 위협 받게 됩니다.

호모 사피엔스가 포노 사피엔스로의 진화를 이루었지만, 아이폰은 기술적으로 종래의 무선 전화기 기술에 데스크 탑의 PC(Personal Computer) 기능을 결합하고 융합한 것입니다. 세세하게 따지면 스티브 잡스의 노력과 고민을 인정 하지만, 크게 이야기하면 무선 전화기와 PC 기능의 융합 입니다. 즉 종래 기술을 융합해서 새로운 기능과 효용성을 창조한 것입니다. 휴대용 음악 재생기인 아이팟(iPOD)도 한국에서 1998년에 이미 출시되었던 제품과 유사한 것입니다. 제품 출시만이 중요한 것이 아니고, 부가가치(Added Value)를 얻기 위한 디자인 개발 및 특허 전략, 그리고 제품 홍보의 중요성을 생각하게 합니다.

여러 훌륭한 분들이 있지만, 20세기는 아인슈타인과 양자역학의 업적으로 오늘의 문명이 있고, 21세기는 스티브 잡스의 창의성이 있었기에 지금의 창조적 혁신이 가능했다고 생각 됩니다.

복사기 회사인 제록스도 창의성 관련해서 종종 언급 됩니다. 제록스는 복사기의 원조 입니다. 대학 1학년 때 과제가 생기면 자연과학 서고에 가서, 일단 이화학 사전을 펼치고 거기서부터 시작 합니다. 참고 하려는 페이지가 통째로 뜯긴 경우가 가끔은 있었습니다. 복사비가 저렴해지고, 그런 경우는 사라졌습니다. 제록스 회사가 복사기로 돈을 많이 벌어서, 우수 사원에게 1년간 급여는 주고 관여를 안 할 테니, 마음껏 하고 싶은 것을 하라고 했습니다. 연말 발표에서 사원이 컴퓨터 바탕 화면의 휴지통을 달랑 보여 줍니다. 제록스 평가자들은 실망 했습니다. 그러나 이를 알아본 스티브 잡스가 1983년 Apple Lisa 컴퓨터에 적용해서 다시 살아 납니다. 전에는 컴퓨터 명령어 라인에 'delete 파일명'을 쳐야 삭제가 되었습니다.

초기의 광고를 보면 삼성과 LG, 그리고 현대는 기술과 제품을 홍보하지만, 애플은 기술 대신 혁신과 감성을 홍보 합니다. 애플은 누구나 알지만, 삼성, LG, 현대는 그렇지 않기 때문 이었을 것입니다. 애플은 그렇고 그런 평범한 기업이 아니라, 문명을 바꾸고 혁신을 선도하는 기업이라는 것을 소비자에게 각인

시키고 있습니다. 기술과 감성을 결합하고, 여기에 혁신의 이미지를 강조하고 있기에 팬덤이 생겼습니다. 지금은 삼성, LG, 현대도 개념 광고와 감성 광고를 하지만, 세상과 문명을 선도하는 혁신 기업의 이미지가 애플에 비해 부족 합니다.

한국인은 애플을 사랑 합니다. 스티브 잡스의 혁신에 높은 가치를 두었기에 가능한 현상 입니다. 한국인은 변화와 혁신을 사랑 합니다. 애플은 2010년 대와 달리 이제는 삼성을 경쟁사로 여기지 않습니다. 애플은 S/W(Software)와 H/W(Hardware)를 모두 갖추고 자기들의 성(Castle)과 생태계를 구축 했습니다. 반면 삼성은 H/W 기술만 가지고 있고, 생태계도 취약 합니다. 세상은 S/W가 지배하고, 바꾸고 있습니다. 이런 생각도 합니다. 국가가 어려울 때, 애플은, 테슬라는, 도요타는 당연히 대한민국을 떠나서 철수를 선택할 겁니다. 그들은 외국계 다국적 기업 입니다. 생산 기지도 아니고, 더구나 본사가 한국에 있지 않습니다. 이익만을 추구할 것이기에 당연한 결과 입니다. 그래도 한국 사람은 애플을 짝사랑 합니다. 짝사랑은 이어지지 않습니다. 애플을 사용 해야만 마음이 편하다고 합니다. 생태계가 약한 삼성이지만 기술은 도긴개긴이고, 한국에서는 삼성이 더 편할 수도 있습니다. LG가 적자에 견디지 못하고 핸드폰 사업을 철수 했습니다. 2인자가 없는 기업과 소비자는 불행 합니다. 우리의 1인자는 이익이 다소 적더라도, 내 이웃과 공동체, 한국에 기여할 것이고, 그 기업은 삼성 입니다. 우리 곁에 마지막까지 있을 기업은 애플도, 테슬라도, 도요타도 아닌 삼성이고, LG이고, 현대 입니다. 삼성, LG, 현대도 S/W 중요성과 확장성을 이해하고, 이들 분야에 투자를 집중하고 있고 성과도 나오고 있습니다.

열등한 제품을 강요하는 국산품 애용이 아닙니다. 내 가족과 이웃, 그리고 대한민국이라는 공동체에 누가 기여할까 생각해야 합니다.

창의성을 키우는 방법은 무엇일까요?
다양한 것을 경험하라고 합니다. 경험을 쌓기 위해 스타벅스에서 일했으면, EDIYA, TWOSOME 등은 안 해도 됩니다. 대동소이한 유사 경험이기 때문 입니다. 한 번도 해 보지 않은 일을 해 보고, 비현실적인 것을 상상하고, 실행해 보는 것이 상상력과 창의성 키우는 방법 입니다. 창의성 저해 요소는 무엇일까요? 권위, 부자유, 모방, 경쟁의식, 관성, 책임감 등 입니다. 심지어 성공도 창의성을 방해하는 요소 입니다. 성공의 달콤함에 젖어서, 과거에 했던 방식을 반복해서 하는 경향이 큽니다. 성공한 사람들은 변화를 좋아하지 않습니다. 남편(남자)들은 생물학적으로 애가 태어나면 바로 떠나서 돌아오지 말라는 말도 있습니다. 그만큼 남자들이 권위적이라는 이야기 입니다. 창의성 지수를 조사했더니 편모슬하의 조부모에게서 자란 자녀들의 창의성이 더 우수하다고 합니다.

창의성을 강조하는 4차 산업혁명 시대에 우리의 생존 전략은 어떻게 세워야 할까요? 세상은 디지털 시대가 되었다는 것을 인지하고 받아들여야 합니다. 이를 이용해야 합니다. 디지털 시대에도 우리는 결국 인간을 상대 합니다. 따라서 감동과 공감을 Off-line과 함께 On-line에서도 구현하는 방법을 찾아야 합니다. 세상은 디지털 시대로 바뀌었고, Off-line 뿐만 아니라 On-line 상에서도 감동과 공감을 실현할 방법을 알아야 21세기에도 생존할 수 있습니다.

임기응변식 대화를 잘하는 사람을 지혜로운 사람, 창의적인 사람이라고 하기도 합니다. 빨리 변하는 세상 즉문즉답이 요구되고, 그런 사람이 각광 받기도 합니다. 그러나 즉답은 피상적입니다. 맞을 수도 틀릴 수도 있습니다. 들을 때는 그럴듯하지만, 돌아서면 공허 합니다. 실천과 공감이 부족 합니다. 생각 속에, 공감 속에 더 좋은 해법을 주는 사람도 많습니다. 지혜는 시간의 문제가 아니고, 지혜는 지식의 깊이와 공감의 깊이 입니다. 즉문은 있을 수 있지만, 즉답은 공대생의 태도가 아닙니다. 즉답은 지혜로, 재치로 가능 합니다. 공대생은 지식을 기반으로 생각하고, 공감하고, 몰입해야 해법이 나옵니다. 지식 기반 창의성을 갖는 사람이 공대생 입니다.

특출 나게 뛰어난 사람은 많지 않습니다. 뛰어나 사람이 사회의 지도자가 되는 경우도 드뭅니다. 세상이 유지되고 성장하는 것은 사회성이 높고, 효율성이 높은 사람들 입니다. 이들이 리더 입니다. 그러나 세상을 바꾸는 사람은 다르게 생각하고, 실행한 창의성을 가진 사람들 이었습니다. 이들의 독창적인 생각이 새로운 가능성과 미래의 존재 여부를 결정하는 열쇠 입니다. 공대생은 공학 지식에 기반한 지혜와 창의성을 갖춘 엔지니어입니다. 4차 산업혁명의 주역은 공대생 입니다.

2. 창의성, 습관, 사회적 분위기

　집안의 최대 오락 기구는 여전히 TV 입니다. 그래서 대부분의 가정에는 TV가 거실에 있습니다. OTT(Over The Top), 핸드폰, 게임기 등이 생기면서 TV의 기능과 역할이 축소 되었지만 그래도 거실에 있습니다. 안방에 TV를 두고 침대에서 보니, 자세가 나빠지고, 숙면에도 도움이 안 되어 다시 밖으로 뺐습니다.

　다른 삶을 원하면 다른 기준으로 다르게 생각하라.

같은 방식에서는 같은 결과만 있을 뿐이다.

딩크(Double Income No Kid)족이라 해서 아이 없는 가정도 많이 생각 합니다. 딩크족 비중이 2021년 27.7%로 외벌이 유자녀 비중 24.3%를 넘었습니다. 사랑하는 사람이 서로만 보아도 좋습니다. 그런데 세상에 영원한 것은 없습니다, 사랑도 몇 개월, 길어도 1, 2년 내에 새로운 단계로 진화해야 발전이 지속됩니다. 연애 내지는 신혼 초 기분이 지속되는 것도 문제이고, 지속 가능 하지도 않습니다. 뜨거운 사랑은 지속적인 온기를 가진 사랑으로 발전하는 것이 정상 입니다. 새로운 진화와 발전에 아이 만한 존재가 없습니다. 자녀를 많이 낳지 않는 지금, 내 자식은 정말 사랑스럽고, 소중 합니다. 예전에는 형제나 친척이 많으니 그 속에서 성장해도 큰 문제가 없었습니다. 지금은 아닙니다.

아이 때는 부모의 관심과 대화가 정말 많이 필요 합니다. 삶의 중심이 아이여야 합니다. 아이가 있기에 삶에 동기가 부여되고, 세상을 사는 맛도, 책임도 느낍니다. TV와 오락기 세대이니, 이것들이 거실에 있고, TV에서 흥미로운 게 나오면, 거기에 관심이 갑니다. 아이도 부모보다 책보다 현란한 TV나 핸드폰에 관심이 갑니다. TV 없는 거실은 아이 때문에 정리 정돈이 안 될지라도, 아이의 집중도와 책에 대한 관심은 말할 수 없이 높아집니다. 또한 아이와 노는 시간이 증가 합니다. 아이의 집중도만 증가하는 것이 아닙니다. 조용한 거실은 나의 집중도도 높입니다. 좋아하는 음악도 들을 수 있습니다. 주말도 알차게 지낼 수 있습니다.

　핵가족 입니다. 2명, 3명, 많아야 4명 입니다. 그래도 정말 같이 밥 먹기 힘듭니다. 집은 같은 지붕 아래 잠자는 곳, 그 이상도 이하도 아닙니다. 거실에 TV가 없도록 합시다. TV가 거실에 있어도 청소년 자녀들은 TV를 안 봅니다. 이미 TV를 공유해서 보던 시대는 끝났고, 핸드폰의 You-tube와 같은 개인화 시대로 세상은 바뀌었습니다. 그래도 초등학교 저학년까지는 부모의 노력이 자녀의 습관을 바꿀 수 있습니다. 거실을 TV 보는 곳이 아닌 가족이 모이는 곳으로 바꿉니다. 가끔씩 모여 소소한 것을 서로 이야기하고 들어주니, 대화가 있는 가족이 됩니다. 사람이, 가족이 중심 입니다. TV 없는 거실 인테리어도 가능 합니다. TV가 중심이 아닌, 가족이 중심인 인테리어를 할 수 있습니다. TV 없는 거실은 다음이 좋습니다.

놀이 공간, 창의성 공간이 됩니다.

독서 공간, 생각 공간이 됩니다.

가족의 중심, 사람 중심 공간 입니다.

가족 설계, 미래 설계의 공간이 됩니다.

요즈음은 핸드폰에도 철학이 필요 합니다. 4차 산업혁명의 중심에 핸드폰이 있다고 해도 지나치지 않습니다. 핸드폰이 인류의 생존 도구로 등장 했습니다. 그러나 어린이에게는 생존보다는 오락기구 기능이 더 큽니다. 부모의 선택과 기준에 따라 어린이의 인생이 달라질 수 있음을 알아야 합니다. 자식에 대한, 가족에 대한 구체적 계획과 생각, 그리고 예행이 있었으면 합니다. 일에서의 시행 착오는 작은 시행 착오 입니다. 자식에 대한 시행 착오는 가족 모두에게 큰 불행을 가져올 수 있습니다.

요즘 아이들의 문해력(문장 이해력)이 떨어졌다고 걱정 합니다. 한국만이 아니고 전 세계가 모두 우려 합니다. 한국의 문해력 감소가 다른 나라보다 더 큽니다. 핸드폰 등장으로 모든 것이 단답형이 되고, 질문도 답도 핸드폰에 있으니 생각을 깊이, 오래 안 합니다. 단어 사용 및 이해 능력 감소는 문장 사용 능력 및 이해력 감소를 가져 옵니다. 단어 및 문장력 감소는 학습

능력 저하와 직결 됩니다. 방정식을 사용하여 푸는 수학과 물리 문제는 잘 풉니다. 그런데 같은 문제를 서술형으로 출제하면 손도 못 대는 경우가 많습니다. 서술 내용을 이해하지 못 합니다. 그러니 못 풉니다. 국어 포기자가 수학 포기자, 과학 포기자, 사회 포기자가 됩니다. 읽기는 하는데 뜻을, 의미를 이해 못 하니, 겉은 아니지만 속은 문맹 입니다. 실질 문맹률이 높다고 걱정 합니다. 어려운 단어 사용이 줄어든 영향도 있을 것입니다.

　문맹 탈출의 길은 무엇일까요? 독서와 놀이 입니다. 집에 거실에 TV가 없고 핸드폰 사용을 자제하는 것으로 시작은, 환경은 된 것입니다. 책에 흥미를 느끼려면 더 흥미로운 것, 더 쉬운 것을 주변에서 없애야 합니다. 더 흥미로운 것, 더 쉬운 것이 TV이고, 핸드폰이고, 게임기 입니다. 독서하다가 어려운 단어가 있으면 질문하고 찾아 봅니다. 놀이하다가 방법을, 규칙을, 전술을 생각 합니다. 어휘력이 늘고, 생각도 논리적으로 깊이 하고, 상상도 합니다. 발표 논리와 창의력이 높아 집니다. 부모들도 아이 수준에 맞춘 너무 쉬운 단어 사용을 자제해야 합니다. 자녀는 고학년으로 가야 하고 최종적으로는 사회에서 역할을 해야 합니다. 고학년 수준의 단어와 사회가 요구하는 단어 수준에 도달해야 교양인과 사회인이 됩니다. 단어 능력과 어휘력, 그리고 사고의 깊이와 습관은 어릴 때 자리 잡습니다. 최종적으로 단어와 문장의 이해, 그리고 논리적 성장이 제때 제대로 되지 않으면 삶과 성장이 위험 합니다. 친구 관계에 이상이 생깁니다. 내 자녀의 존재가 위기 입니다. 아동 때 키워 주어야 하지, 청소년기와 성인기는 너무 늦습니다.

10세까지 자녀가 갖추어야 할 가장 중요한 능력이 주의력(Attention Power)과 집중력(Concentration of Attention) 입니다. 그리고 몰입(Flow)입니다. 주의력은 지적인 습득과 통제로 목표에 집중해서 이를 해결하기 위한 기본 능력 입니다. 멈추고, 생각하고, 우선순위를 정해서 순차적으로 정리하고, 처리하는 능력의 훈련이 주의력과 집중력 훈련의 시작 입니다. 주의력과 집중력은 노력과 에너지를 소모 합니다. 주의력과 집중력이 몸에 배어 자연스럽게 이루어지는 것이 몰입 입니다. 몰입은 자연스러운 집중으로 행복감과 만족감이 일상처럼 오는 것을 의미 합니다. 몰입은 즐거움이 동반될 때 느끼는 경험의 산물 입니다. 주의력과 집중력이 완전히 내 것이 되어 성취 과정에서 느끼는 만족감이 몰입 입니다. 좌절을 받아들이고 인정할 때 몰입이 되고, 실패에 따른 불안이 없기에 몰입이 됩니다. 성공만 한 사람은 몰입의 만족감을 알지 못합니다. 몰입은 어떤 일에 집중해

완전히 몰두한 의식 상태를 의미합니다. 시간의 상대성이 여기서 나옵니다. 절대적 시간 길이를 모두가 다르게 느끼는 이유가 몰입도 때문 입니다. 삶의 밀도를 높이려는 시도가 환경을 바꾸려는 시도 입니다. 시간을 길게 오래 쓰려고 할 것이 아니라, 시간을 밀도 있게 쓰려고 해야 합니다. 그것이 몰입 입니다. 몰입은 그냥 되지 않습니다. 주의력과 집중력 훈련이 몰입의 시작이고, 환경을 바꾸는 것은 몰입을 높이는 방법 입니다. 몰입은 창의성의 기본 입니다. 창의성의 기본은 다양한 경험과 몰입 입니다. 주의력과 집중도는 10세 이전에 갖도록 해 주어야 하고, 이를 바탕으로 몰입이 가능 합니다.

  주의력, 집중력, 몰입에 방해되는 요소가 TV, 핸드폰, 게임기와 같은 오락 기구 입니다. 이들은 책보다 놀이보다 즉각적인 즐거움을 주는 것들 입니다. 이들을 사용하지 않을 수 없기에 유아기 때는 이들에게 자녀가 노출되는 것을 막는 환경 조성이 필요 합니다. 환경 조성은 머리 말고, 몸으로 시작해야 합니다. 머리부터 시작하면 작심 3일 입니다. 몸으로 익히고 배워서 그것이 일상이 되어 반복해서 하다 보면, 의미가 따라오고 목적이 달성 됩니다. 일상을 반복해서 실행해서 몸이 알도록 변화시키면, 원하는 목적은 따라 옵니다. 몸으로 일상을 변화시키는 것이 먼저고, 다음이 마음을 변화시켜야 환경 변화는 성공할 수 있습니다. 오락 기구를 사용하는 휴식 시간과 사용하지 않는 시간과의 구별을 몸으로 익히는 것이 주의력 훈련의 기본 입니다. 몸과 행동 변화를 고려한 환경 조성이 먼저이지, 주의력과 집중도 훈련에서 목적과 정신을 우선하면 이들 훈련은 실패할 수 있습니다. 환경 조성은 몸으로 시작해야 하지, 마음으로 정신으로 시작하면 실패 합니다. 마음과 의미도 중요하지만, 몸과 실제 형식도 중요 합니다.

10세까지 향상된 주의력(Attention Power), 집중력(Concentration of Attention), 그리고 몰입(Flow)도는 자녀의 평생을 좌우 합니다. 자녀가 사교육 없이도 창의성을 가진 청소년으로 성장하게 합니다. 환경 변화의 목적은 자녀의 주의력, 집중도, 그리고 몰입도를 높여서 자녀를 창의적 인간으로 변화시키는 것입니다. 다양한 경험은 10대 이후도 가능 합니다. 주의력과 집중력에 기반한 몰입도가 10세까지 형성되지 않으면, 10대 이후의 자녀 성장에 어려움을 겪을 수 있습니다.

이렇게 성장한 자녀는 책을 가까이 합니다. 책에 몰입하려면 권장 도서보다 흥미로운 책에서 시작해야 하고, 가족이 함께

해야 합니다. 책에 흥미가 붙으면 혼자도 읽고, 읽지 말라고 해도 책을 읽습니다. 독서에 몰입되면 정신 없이 책을 읽습니다. 책을 읽는 습관이 공부하는 습관 입니다. 공부는 읽고 이해하는 것입니다. 뿐만 아니고 책을 읽으면 공감이 늘어나서 관계를 중시하고, 타인을 배려하는 사회인이 될 수 있습니다. 일정 시간이 지나면 위로와 편안함 혹은 현대의 공허함에 관한 책보다 지식과 감동의 책을 읽는 습관이 필요 합니다. 더 어려운 책, 사고의 전환이나 발전이 가능한 책을, 논쟁이 많은 책을, 흥분되는 책을 읽어야 합니다. 책 속에 배움이 있고, 타인의 여정이 있고, 감동이 있습니다. 책으로 새로운 것을 배워 두뇌에 양식을 주고, 문제 해결을 시도 합니다. 공학과 수학을 배우고, 기후 변화와 환경 문제를 고민해서 해결하려 하고, 철학을 이해하고, 외국어를 아는 지식과 미래의 희망을 책에서 발견 합니다. 책을 가까이 하는 자녀는 대한민국과 세계를 이끌 수 있습니다. 가난과 질병을 치료하고 엔지니어가 되며 혁신가가 될 수 있습니다. 인간은 결과보다 과정에 의미를 두는 동물 입니다. 과정이 즐거워야 결과에서 느끼는 행복이 많습니다. 과정을 즐겁게 하는 것이 환경이고 분위기입니다. 책은 과정이고 남의 결과를 먼저 경험하고 알려주는 좌표 입니다.

속력(Speed) 혹은 속도(Velocity)보다 삶의 방향(Direction)이 중요 합니다. 방향(Direction) 없는 삶은 우리를 절벽으로 이끌기에 너무 위험 합니다. 환경을 바꾸는 것은 방향을 바꾸는 일이고, 자신을 돌아보고, 잘못된 방향을 수정하는 일 입니다. 방향(Direction)을 잡아야 속도(Velocity)을 조절할 수 있습니다. 생각이 바뀌면 행동이, 행동이 바뀌면 습관이, 습관이 바뀌면 성격이, 성격이 바뀌면 운명이 바뀝니다. 아무것도 안 바꾸면서 다른 결과를 얻을 수는 없습니다.

부모보다 잘난 자녀도 많습니다. 부모보다 못한 자녀도 많습니다. 부모가 나태하면서 자녀에게 성실함을 바랄 수는 없고, 가능 하지도 않습니다. 자녀에게 부모는 거울 입니다. 그래서 가정의 환경이, 가족의 습관이 중요 합니다. 세 살 버릇이 여든 간다고 했습니다. 20세기 이전의 이야기 입니다. 세상과 주변 환경이 너무 급격히 변하고 있습니다. 5년 주기나 10년 주기로 자신과 세상 환경을 돌아보고, 새로운 환경에 적응하고 창조해야 합니다.

개인과 가족의 노력도 중요하지만, 지도층의 정치적 의지도 중요 합니다. 각국의 정책과 법률, 그리고 규범을 바꾸어 올바른 방향으로 나갈 수 있게 하는 것이 중요 합니다. 대한민국은 많은 것을 시민들에게 의지하는데, 어느 사회나 일탈자는 20~30% 정도 있고, 이들을 제어할 수 있는 것이 정책과 법률 입니다. 그러나 정책과 법률을 통해서 할 수 있는 것은 제한적 입니다. 정책과 법률이라는 강제적 조치는 한계가 있습니다. 그래서 사회 분위기가 중요 합니다. 20~30%를 10% 이하로 줄이는 것은 정책과 법률이 아니고 사회 분위기 입니다. 시민의 도덕 의식이 상대적으로 높은 대한민국에서 유일하게 부족한 것은 세상을 바꾸려는 지도층의 의지와 실천 입니다.

지도층의 의지와 실천은 정책과 법률에 반영 되는데, 지도층은 공동체의 선과 꿈이나 분위기보다 본인의 욕망을 우선하니 대한민국이 혼란 합니다. 사회 분위기가 나빠지니 국민들 각자가 살 길을 찾습니다. 대한민국은 사고(Accident)에 대응하는 과정에서 발전했다고 합니다. 사고가 발생하면 사후 약방문으로 정책이 개발되고 법률이 제출 되지만, 시간이 지나면 흐지부지 됩니다. 많은 선진국들은 우리의 전철을 이미 겪었습니다. 따라서 충분히 예측 가능한 것이 많은데 손 놓고 있다가, 사고 후에 많은 정책과 법률이 쏟아지니 규제만 강화되어 효과도 떨어지고, 기업체는 과잉 규제에 힘들어 합니다.

정책과 법률을 개발하고 바꾸어야 하는 것은 맞지만, 사후 약방문이면 안 됩니다. 반도체 공정의 첫째 조건은 청정입니다. 청정의 제1원칙은 어지럽힌 다음 치우지 말고, 근본적으로 더럽히지 말자는 것입니다. 정책도 마찬가지 입니다. 사고 발생 후 재발을 방지하기 위한 정책과 법률 제정이 필요한 것이 아니고, 사회 분위기를 좋은 쪽으로 이끌려는 의지와 함께 사고 자체가 발생하지 않도록 정책과 제도를 선제적으로 바꾸는 것이 우선입니다. 정책과 법률은 이탈자 처벌이 목적일 수도 있지만, 사회 분위기 조성도 염두에 두어야 합니다. 그러려면 지도층도 공부하고, 노력해야 합니다. 아는 것이 없어서 중심이 없고 미래를 볼 수 없으니, 로비에 흔들리고 맞지 않는 정책과 법률만 양산합니다. 사고는 재발하고, 고통은 서민과 국민의 몫 입니다.

공동체를 위해 지도자가 좋은 정책과 법률을 선제적으로 제정하면, 사고가 줄어서 사회 분위기가 좋아 집니다. 국민들도 당연히 여기에 동조하니 서로가 시너지 효과를 내게 됩니다. 사회 분위기에 따라서 중도층이 변해서 사회가 변합니다. 결국은 사회 분위기가 전체 사회의 방향과 꿈을 결정 합니다.

3. 기술혁명은 계속 되는가?

　많은 사람이 세상이 너무 빨리 변한다고 합니다. 변하는 것은 어쩔 수 없다 하더라도, 내가 학교에서, 회사에서 배운 것들이 유효했으면 합니다. 그런데 학교에서부터 이미 낡은 지식을 배웠고, 회사에서 생존을 위해 이것저것 배웠지만, 이것들 역시 생명이 짧습니다.

　언제부터 세상은 이처럼 빠르게 변했고, 우리는 이제 따라가기도 벅차게 되었는가?

호모 사피엔스의 농업 시작을 기원전 9000년경으로 추정 합니다. 유발 하라리는 농업에 의한 정착이 미래에 대한 불확실성과 지배자의 등장으로 오히려 수렵 때보다 더 열심히 일했지만, 빈곤했다고 말 합니다. 중세 이후 르네상스 때의 과학혁명 시작은 인류의 지평을 성서에서 과학으로, 그리고 우주로 확장 합니다.

본격적인 산업혁명은 인간의 힘을 기계로 대체하려는 18세기의 1차 산업혁명, 전기의 컨베이어 시스템을 사용함에 따른 대량생산 체제가 가능해진 20세기 초의 2차 산업혁명, PC 등장으로 시작된 정보혁명을 의미하는 20세기 말의 3차 산업혁명, 2015년 이후의 핸드폰과 데이터(Data)에 기반한 초 지능 사회로 이행되는 것을 4차 산업혁명으로 부르는 데 주저함이 없습니다.

혁명은 이제까지의 의식이나 생활 방식이 완전히 달라짐을 의미 합니다. 인류의 정신혁명과 지적혁명은 언제부터 시작되었을까?

15세기에 시작된 대항해 시대, 19세기의 나폴레옹(1769년

~1821년), 20세기 초의 아인슈타인(1879년~1955년)과 양자역학을 제안하고 증명했던 과학자들, 21세기의 스티브 잡스(1955년~2011년)를 생각하면 됩니다. 점점 기술혁명 주기가 짧아 집니다. 또한 소수의 탐험과 개척의 시대로부터, 나폴레옹의 정신적, 아인슈타인의 과학적, 스티브 잡스의 기술적 순서로 혁명의 도구도 현실화, 대중화 됩니다. 정신적 평등화에서 기술적 평등화로 발전 합니다.

　대항해 시대는 1453년에 이스탄불의 동로마 제국이 이슬람 세계에 의해 멸망해서, 동쪽의 이란, 인도 지역과의 교역이 중단 되었고, 이를 타개하고자 대양 항해를 시작한 것이 대항해 시대 입니다. 나침반과 선박기술 향상과 바스쿠 다 가마, 콜럼버스 등의 개척자 등이 있어서 가능 했습니다. 국제무역, 식민지배와 노예무역이 발전할 수 있었고, 이것을 유럽 근세의 시작점으로 봅니다.

　나폴레옹의 기여는 일반 평민의 정치적, 경제적, 이성적, 과학적 참여가 가능한 자유주의와 민족주의 정신의 승리를 들 수 있을 것입니다. 이제까지는 지배자, 귀족, 수도사가 권력과 지식, 그리고 정보의 중심 이었다면, 나폴레옹 등장으로 평민이 주인공이 되는 것이 가능해 졌습니다. 아니 이루어 졌고, 그것을 모두 확인 했습니다.

뉴턴으로 완성된 역학적인 고전 과학 개념은 아인슈타인에 의한 상대성 이론과 다수의 과학자들에 의한 양자역학 세계로 인류를 인도 합니다. 이로써 우리는 빛, 시공간, 우주, 양자를 보는 시각이 완전히 달라진 새로운 과학관을 갖게 됩니다. 우주관과 과학관 뿐만 아니라, 다양한 전자 및 가전 기기의 출현과 문명의 발전이 과학과 밀접한 관련성을 가진다는 것을 확인 합니다. 20세기 과학혁명을 대표하는 인물로서 아인슈타인과 양자역학 과학자들을 선정하는데 주저할 이유가 없습니다.

21세기, 정확히 2007년 6월 29일 스티브 잡스의 핸드폰이 등장 합니다. 이로써 인류의 삶의 방식이 완전히 변합니다. 가족, 동료, 직장 중심의 사회로부터 개인 중심의 세계관으로 완전히 바뀐 것입니다. 핸드폰만 있으면 필요한 것, 원하는 장소, 원하는 물품을 즉각적으로 얻을 수 있는 생존의 만능 도구를 1인 1기씩 갖는 사회가 도래 합니다. 스티브 잡스가 나폴레옹과 같은 정신적 자유를 주었는지, 아인슈타인 및 양자역학 과학자들이 과학사의 전환을 가져왔는지는 중요하지 않습니다. 모두가

1인 1기씩 핸드폰을 들고 돌아다닌다는 사실이 중요 합니다. 소통을 위해, 생존을 위해 이 도구를 적극적으로 활용 합니다. 이게 힘이고, 이게 혁명 입니다.

대항해에 필요 했던 과학혁명에서부터 지구와 우주에 대한 관점은 뉴턴의 고전역학 확립으로 정점을 이룹니다. 나폴레옹은 왕족과 귀족 중심의 정신적, 지배적 사고를 평민에게 확대하여 자유주의와 이성사회(Rational Society), 그리고 평등사상을 전파 합니다. 그리하여 사고의 지평을 모두에게 열어 줍니다. 아인슈타인은 시공간과 우주, 그리고 양자역학 과학자들은 현대의 전자 시대로 우리를 안내 합니다. 과학의 지평을 거시적 우주와 미시적인 양자 세계로 넓혔습니다. 스티브 잡스는 이들을 융합해서 기술을 일반화 합니다. 이렇게 과학과 기술은 소수에서 대중에게 전파 됩니다.

인류는 정신적 자유를 넘어, 과학적 사고의 혁명을 거쳤고, 생존의 절대적 도구까지 확보 했으니, 좀 넉넉하고 평화로워야 하지 않겠습니까?

아닙니다. 지배층과 소수의 귀족에게서 대중으로 전파된 기술은 소비 지향적이지, 생산 지향적 기술은 아닙니다. 여전히 생산 지향적 기술은 소수의 선도적인 개발자 몫으로 남아 있고, 담당자는 여전히 전문 기술자의 몫으로 남습니다.

19세기부터 20세기의 혁명기를 통해서 노예와 평민도 자유를 얻고 참여의 기회를 얻습니다. 시민들도 원하고, 노력하면 과학자와 공학자가 될 수 있습니다. 1960년대 베트남 전쟁까지 소대에 1대 밖에 없던 무전기를 모든 개인이 소유 합니다. 모두에게 정보가 열리며 참여는 확대 됩니다. 이러한 참여 기회의 확대는, 아이러니하게도 가질 수 있는 지분을 줄어들게 합니다. 내가 아는 것은 상대도 알고, 내가 원하는 것은 상대도 원하니, 참여 기회는 늘게 됩니다. 그러나 지분을 차지할 확률은 모두에게 줄어들게 됩니다. 소수의 정보 독점자와 제공자를 제외하고, 대부분 사람은 아는 것도 많고, 하는 일도 많은 듯 합니다. 그러나 얻을 것이, 가질 것이 줄어들게 됩니다. 모두가 참여할 수 있어서 획득할 수 있는 양이 줄었습니다. 또한 기술 발달은 우리를 더욱 세밀하게 제어하고 감시 합니다. CCTV(Closed Circuit Television)와 GPS(Global Positioning System) 같은 신기술이 우리의 여유를 가져가고 있습니다. 이것이 오늘날 모두가 더 바쁘고, 예전보다 더 열심히 일하지만, 삶은, 생은 더욱 고달픈 이유 입니다. 20세기에는 부부 중 한 명만 일해도 생활할 수 있었습니다. 21세기는 대부분 맞벌이를 하지만 삶이 더 윤택 하지도, 여유가 있지도 않습니다.

기술혁명은 지속될 수 밖에 없습니다. 마르크스는 역사의 최종 단계를 공산주의로 봤지만, 프란시스 후쿠야마는 인간 욕망을 반영하는 자본주의로 봅니다. 1991년의 소련 붕괴와 우크라이나-러시아 전쟁에서 보듯이 역사의 종말은 후쿠야마의 자본주의가 맞는 듯 합니다. 러시아도 민주주의고 자본주의 입니다. 다만 독재가 붙을 뿐입니다. 자본주의는 개인의 욕망을 충족하는 최선의 제도인 듯 하지만, 욕망을 충족하는 사람은 극소수 입니다. 이것이 현실이고, 차별이고, 우리가 고달픈 이유 입니다.

1991년 양극체제의 한 축이었던 소련이 멸망 했습니다. 사람들은 자유 민주주의의 승리와 인류의 평화와 발전을 믿었습니다. 소련의 멸망과 함께 등장한 것이 신자유주의와 금융 자본주의 탄생 이었습니다. 경쟁을 일상화하고, 세계화를 촉진한 금융 자본주의는 자본과 소유를 극대화 합니다. 일반인 90%의 부를 1%의 자본가가 독식하는 구조 입니다. 일반인은 자유 민주주의의 향유 대신, 금융 자본주의에 의한 극심한 삶의 투쟁을 경험 합니다. 서민 고통의 본격적인 서막 입니다. 영원하고 절대적으로 G1을 고수할 것 같던 미국도 중국의 부상으로 자유 민주주의와 함께 도전 받고 있습니다. 중국은 국가 통제와 함께 자본과 자원, 그리고 기술을 통제하며 자유화와 세계화를 종식 시켰습니다. 세상은 양극체제보다 심한 경쟁과 기술혁명, 그리고 미국과 중국의 격돌과 러시아의 침략을 보고 있습니다.

기술을 소비 지향적이냐, 생산 지향적이냐로 나눌 수 있습니다. 시민들 대부분은 소비 지향적 기술을 사용하며, 본인이 문명화 되었다고 생각 합니다. 산업혁명 이전까지 우리는 음식과 옷 같은 필수품의 소비자였고, 현대는 엔터테인먼트의 소비자로 전락 되었다고 볼 수 있습니다. 즉 우리는 열심히 일해서 엔터테인먼트를 소비하고 즐기지만, 결국은 우리의 몫을 다시 극소수의 생산자에게 갖다 바칩니다. 그래서 항상 힘들고, 어렵습니다. 극소수의 생산자는 기술혁명을 통해 지속적인 오락을 주는 듯하지만, 결국은 우리의 몫을 가져갈 뿐입니다.

현재에서 보면 20세기나 21세기에도 낭만의 자유주의는 없습니다. 우리에게는 없고, 기술 생산자에게만 있을 것입니다. 어쩌면, 기술 문명 시대에는 인류가 있든 없든, 기술혁명은 계속

될 것입니다.

　우리의 유일한 기회는 자유와 평등, 그리고 민주주의에 입각한 선거제도 입니다. 그러나 우리의 1인 1표는 위정자의 신념 속에 있는 것이 아니라, 위정자의 표리부동 속에 있으므로 너무 무력 합니다. 그래서 소수의 정보 독점자, 자본 독점자, 권력 독점자에게 모든 것이 집중되는 기술혁명은 계속 될 것입니다. 이들은 선거 때 외는 자본주의에 입각한 비용 절감과 거대 독점 자본주의를 꿈꾸고, 그 속에서 살기를 원하고 있습니다. 인류 역사는 농업혁명 이래로 지배자와 소수 엘리트에 의한 권력 독점을 위해 기술혁명이 있었다는 것을 보여주고 있습니다. 소수 지배자와 엘리트를 위한 기술혁명은 일반인을 더욱 종속되게 하고, 힘들게 합니다. 일반인이 여유로웠던 시기는 농업혁명 전, 권력이 없거나 약했던 시기 입니다.

　이를 깨우친 많은 사람이 제도를 벗어나 자유로운 삶을 원합니다. 농촌, 어촌, 산촌의 자연에서, 직장을 벗어나서 자유로운 삶, 구속 없는 삶을 원하는데 이것이 가능할 것인가? 단기적입니다. 기술혁명이 없는 곳에서 주체적으로 자유롭게 살기를 원하지만 그럴 곳이 없습니다. 우리는 더 이상의 기술혁명이 불

필요 하다고 생각할 수 있지만, 기술혁명은 지속될 것이고, 나를 위협할 것입니다. 기술혁명은 피한다고 피할 수 있는 것이 아닙니다. 구석기 인이 멸종하고 신석기 인 시대가 왔듯이, 네안데르탈인이 멸종하고 현생 인류인 호모 사피엔스 시대가 도래한 것과 같습니다. 기후 변화는 지구적 입니다. 우리는 거대한 물결 속에 흘러가는 낙엽 위의 개미 입니다. 노를 저어서 약간의 방향 전환은 가능 합니다. 그러나 물결을 거스를 수는 없습니다. 1차부터 4차에 걸친 산업혁명을 잇는, 기술혁명이라는 거대한 바퀴는 구르기 시작 했습니다.

　오늘의 힐링(Healing)이 언제까지 가능할 것인가? 60대 이후도 보장할 것인가? 아닙니다. 우리는 정신적 자유, 경제적 자유, 시간적 자유, 기술적 자유 속에서 진정한 힐링(Healing)을 얻을 수 있습니다. 현재의 힐링(Healing)에 기술적 자유는 빠져 있습니다. 시간이 지날수록 기술적 자유 없는 우리는 세상에서 고립될 것입니다. ATM(Automated Teller Machine)기와 키오스크는 물론이고, 메타버스, AI(Artificial Intelligence), 빅 데이터, ChatGPT 등의 기술혁명이 밀려오고 있습니다. 자본과 자산보다 기술에 적응하고 활용하는 것이 중요해지고 있습니다. 디지털 세계에서는 기술적 자유가 없으면 문맹자 취급을 받고 밀려

날 수 있습니다.

우리는 기술혁명에서 벗어날 수가 없습니다. 기술혁명의 파도 속에서 산속 시냇물 주변인가, 해변인가, 바다 속인가의 차이만 있을 뿐입니다. 20세기는 기술혁명 중심이 생산성 기반 이윤 창출 이었습니다. 21세기는 기술혁명 중심이 인터넷 인프라를 기본으로 하는 이윤 창출로 바뀌고 있습니다. 이제는 인터넷 없이 온 디바이스(On Device) AI(인공지능)로 데이터 보안성을 높이고, 데이터 센터 이용 빈도를 줄여 컴퓨터 속도 향상과 경제성을 도모하고, 에너지 효율성도 높이려 합니다. 이익을 얻기 위한 행진이 멈추지 않습니다. 기술의 결과인 이윤추구는 변하지 않았지만, 초고속 인터넷 기반과 함께 제품 자체의 성능 향상으로 이윤을 얻는 방법과 관점이 바뀌고 있습니다. 기술의 방향과 속도를 알아야 하고, 결과도 예측해야 합니다. 기술혁명의 도전을 이해하고, 극복하고, 미래를 통찰해서 기회와 시장을 선점해야 합니다. 전문가와 혁신가 역할 입니다. 생산자 입장을 가진 공대생 전문가와 혁신가가 해야 할 일 입니다.

지속되는 기술혁명 속에서 세상에 기여하고, 가치 있는 선한 기술혁명을 이끌 수 있는 사람은 기술을 알고, 생산자 입장을 가진 공대생만이 가능 합니다.

4. 일(직업)의 의미와 행복

　직업관에는 생계 유지가 우선인 보수 지향적 직업관, 이웃과 사회에 대한 올바른 역할을 강조하는 기여 지향적 직업관, 그리고 자신이 지닌 재능과 소질을 기반으로 자아를 성취하고 실현하려는 자아 실현적 직업관이 있습니다. 에리히 프롬은 소유와 존재의 문제에서 소유는 생존의 문제이고, 존재는 가치의 문제라 했습니다. 소유에 관심이 큰 사람은 보수 지향적 입니다.

　일(직업)은 노동을 제공하고, 반대 급부로 급여를 받는 것을 의미 합니다. 급여와 함께, 일(직업)을 통해서 우리가 얻으려는 것은 무엇 일까요?

일을 통해, 직업을 통해 얻으려는 것은 자아실현 입니다.
행복입니다. 그리고 급여 입니다.

자아실현에는 2가지가 있습니다.

첫째는 나의 존재를 현실에서 표현하고, 이를 통해서 자존감을 확인하고 확립하는 것입니다. 내 의지로 선택해서 방향과 의미를 잡고, 이를 현실에서 구현하는 것입니다. 나의 의지가 매우 중요 합니다. 나의 선택이 아닌 것은 의미가 없습니다. 내가 선택하고, 결정하고, 실행해야 나의 존재에도 의미가 있습니다. 20대의 기질 입니다. 이런 기질이 20대에도 없다면 문제가 있습니다. 권위에 짓눌린 결과 입니다. 부모 배경과 지인 도움을 부끄러워 해야 합니다. 내가 선택해서, 결정하고, 실행한 결과에 대해, 나 스스로 만족한다는 의미 입니다. 완전 주관적이고, 자기 존재의 의미이고, 존재의 확인 입니다. 내가 만족하지 못하면 의미가 없습니다. 혼자 사는 세상, 외로운 세상에 마지막 남은 자존심이고, 보루 입니다.

두 번째는 타인의 인정 입니다.

나의 존재를 실현한 것에 대한 타인의 평가 입니다. 나의 자존감과 연관되어 있습니다. 아무리 좋은 것, 훌륭한 것도 타인의 인정이 없으면 의미가 없거나 반감 됩니다. 우리는 사회적 동물입니다. 학습의 의미도 있지만, 결과에 대한 타인의 인정 의미가 더 큽니다. 타인의 인정과 의미 부여가 없다면 한 번은 해 볼 수 있지만, 두 번은 하지 않습니다. 자연 친화적인 삶이 아닌 경쟁 사회의 현대인이기에 타인으로부터 인정받기 위해, 평판을 받기 위해 너무도 노력 합니다. 타인의 인정 실패는 자기 존재의 부정과 같습니다. 타인의 인정은 자존심의 향상과 함께 보수와 승진의 결과로 이어집니다. 가치 있는 사회적 기준의 일에 참여하고, 인정받고, 보수도 얻는 것입니다.

가끔은 이타적 자아실현을 추구하는 분도 있습니다. 석가, 예수, 테레사 수녀님들이 여기에 속할 수 있습니다. 타인의 행복이 나의 자아실현이라고 생각하는 분들 입니다. 그러나 우리들 대부분은 자기적 자아실현이 행복 입니다.

이러한 자아실현은 몰입과 행복을 가져 옵니다.
자아실현을 이루기 위해서는 집중해야 가능 합니다. 대충해서는 자기도 타인도 만족을 줄 수 없습니다. 집중해서 최선을 다해야 합니다. 의무가 아닌 몰입과 최선의 노력이 요구 됩니다. 이럴 때 자아실현이 가능하고, 공동체에서의 존재감과 직장인, 사회인으로서 인정과 자부심이 생깁니다.

자아실현은 행복도 가져 옵니다. 그런데 행복의 방어막은 너무 약 합니다. 갑자기 무너지는 것이 행복이고, 다시 찾기 힘들 때도 있습니다. 행복은 가정, 건강, 취업, 돈, 명예, 사랑 등으로 요약 됩니다. 모두 행복의 중요 요소 입니다. 그런데 이런 것들은 순식간에 사라질 수 있습니다. 사고와 천재지변 등으로 행복이 갑자기 사라집니다. 특히 타인과 관계된 행복은 순식간에 사라집니다. 일은 한 만큼 그대로 있지만, 인간은 매 순간 변합니다. 나는 행복하지만, 상대편은 불행하고, 그 반대인 경우도 너무 많습니다.

행복의 3대 조건인 선택, 성취감, 인정 중 선택의 자유가 가장 중요 합니다. 선택이 성공할 수도, 실패할 수도 있습니다. 그래도 경험이 남고, 완벽한 결정을 위해 상상만 했다면 경험은 얻을 수 없습니다. 경험은 또 다른 선택의 자산이 되고, 삶을 다채롭게 만들 원천이 됩니다. 한국인에게 행복의 요소는 경제적 부와 함께 가정, 건강, 명성 순서 입니다. 그나마 가정이 앞서서 다행 입니다. 소득은 일정 이상이 되면 행복과 큰 연관성은 없습니다. 예측 불허의 삶 속에서 행복은 영원하지 않습니다. 행복은 결과가 아니라 소소한 과정과 몰입이 행복 입니다. 결과에 주목하다 보면, 과정이 주는 행복, 몰입이 주는 행복을 간과 합니다. 결과를 행복이라 착각해서, 이 순간과 이 고통을 견디는 사람이 많습니다. 결과인 행복은 강도는 클지라도 너무 순간이고, 너무 쉽게 사라집니다. 그래서 최종적인 한 방의 큰 행복보다, 소소한 지금의 행복을 즐기는 선택이 필요 합니다.

 행복이란 무엇 일까요? 모두 행복해지기 위해 노력 합니다. 행복은 경험 입니다. 큰 경험보다는 작은 경험이 많은 것이 행복의 지속과 연결에 좋습니다. 복권에 당첨되면 행복하지만, 최후까지 행복한 사람은 많지 않습니다. 가정의 행복 강도는 크지 않지만, 지속성이 높습니다. 건강은 행복의 다른 척도 입니다. 건강은 행복의 시작이고 기본이지만, 젊음은 이를 중요하게 생각하지 않습니다. 그래서 건강을 잃고서 그것의 중요성을 이해하지만, 너무 늦는 경우도 있습니다. 건강 없는 행복은 불가능 합니다. 행복은 영원하지 않습니다. 이것이 문제이고, 이것이 다행 입니다. 초기화(Reset)되지 않으면, 새로운 일을, 행복을 찾을 동기도 잃고, 과거에 머물게 됩니다. 성공과 실패도 마찬가지 입니다. 성공했다고 기쁨과 성취에만 머물고, 실패했다고 좌절에만 머물 수는 없습니다. 기쁨과 좌절을 뒤로하고 다음 단계로 진행해야 합니다. 성공이든 실패이든 과거를 기억으로 돌리고, 새 출발 해야 합니다. 우리가 과거에, 지나간 것에 머물면, 다음 행복을 마주할 수 없습니다.

아리스토텔레스는 행복의 추구를 인생의 목적이라고 말 했습니다. 그러나 그는 결과인 행복 자체를 말한 것이 아니라, 행복을 추구하는 과정과 가치 있는 삶을 사는 인생을 행복이라고 했습니다. 진화론의 관점에서 보더라도 인류의 생존은 행복감과 밀접한 관련이 있습니다. 즉 불행과 불안을 회피하고 행복을 추구 했기에, 오늘의 인류가 존재 합니다. 진화론적으로 인류에게 행복 추구는 생존 번영의 방법 이었습니다. 모험과 위험을 즐기고, 위험을 안고, 절벽을 타고, 힘을 과시하던 종족은 모두 멸종했습니다. 여러분은 안전과 행복을 위해 새로운 것을 발명했고, 투쟁하고, 노력했던 종족들의 후손들 입니다.

행복을 지속하는 방법은 사회적 유대감 입니다. 유대감을 통한 집단 지성과 집단 사냥으로 인류는 지구 생태계 피라미드의 최 상위종이 된 것입니다. 유대감은 가족, 친구, 그리고 공동체 활동 등에 있습니다. 현대인의 많은 질병은 고립감과 같은 혼자 있는 것과 연관이 있습니다.

일을 선택해서 자아를 실현하고, 이것을 타인이 인정해 줄 때 행복하고, 새로운 것을 추구 합니다. 그리고 일의 결실인 급여를 받습니다. 이것이 공대생에게 일의 의미 입니다.

성서와 미국중앙정보국(CIA), 그리고 대학들에
다음 문장이 있습니다.
'The truth will set(shall make) you free.'

요한복음 8:32에 기록된 것으로 예수님 말씀을 따르는 것이 죄를 짓지 않아서 자유롭다는 의미 입니다. CIA 본부 벽에 새겨진 문장의 뜻은 사실적 정보를 아는 것이 자유라는 것입니다. 대학의 경우는 탐구해서 얻은 진리에서 자유가 온다는 뜻으로, 아는 것이 자유이고, 힘이라는 뜻 입니다. 철학자 사르트르는 "인간은 자유롭도록 저주 받았다. 계속해서 자유를 향해 갈 수 밖에 없다."고 합니다. 노자는 자유를 비우는 것이라 합니다.

돈, 자유, 행복의 정리가 필요 합니다.

돈을 최종 정착지로 선택하면 불행 합니다. 복권 거액 당첨자의 결과를 우리는 압니다. 일반인의 자유는 구속에서 해방되는 것입니다. 구속들은 시간적 구속, 경제적 구속, 정신적 구속, 육체적 구속, 기술적 구속을 의미 합니다. 20세기 자유는 시간적 자유, 경제적 자유, 정신적 자유, 육체적 자유가 자유의 기준이었습니다. 21세기부터는 급격한 기술과 문명의 발전으로 이제는 기술적 자유가 없는 자유는 자유가 아닙니다. 시간적, 경제적, 정신적, 육체적, 그리고 기술적 자유까지 달성되어야 자유도가 높아 집니다.

마르크스가 말 했습니다. 경제는 하부 구조를 이루고, 이에 따라 상부 구조인 정치, 역사, 사회, 문화, 의식까지 달라진다고 이야기 했습니다. 경제 입니다. 자본과 자산으로 대표되는 화폐 입니다. 현대인이 일을 갖는 의미는 자아실현의 행복과 함께 급여의 만족감과도 밀접한 관련이 있습니다. 급여가 없다면 일할 필요를 느끼는 사람이 많지 않을 듯 합니다. 특히 한국인은 급여와 분배, 그리고 공정과 정의에 민감 합니다. 내가 일한 만큼 급여를 받는 것은 매우 중요 합니다. 20대와 30대는 소유욕과 함께, 미래에 대한 계획과 책임도 증가 합니다. 90%는 돈으로 해결 해야 할 것들 입니다. 좋아 하는 일을 할 수 있지만, 열정페이로는 한계가 있고, 회의감이 들고, 자존감 하락을 겪습니다. 일을 시켰으면, 일을 했으면, 정당한 급여를 지불하고 받아야 일이 지속 됩니다. 좋아 하는 일을 열정적으로 할 수 있지만, 열정으로만 일을 오래하기는 힘듭니다. 적은 보수 때문에 꿈을 포기하고, 좋아 하는 일을 포기하고 떠나는 사람도 있습니다. 급여가 행복의 전부를 의미하는 것은 아니지만, 돈이 있으면 꿈의 제약도 적고, 적극적 도전을 통한 자아실현 기회가 많아져서, 행복도가 높아질 수 있습니다.

급여에 목매는 인생이 아니라 경제적 자유를 위해 급여 탈출을 하려는, 조기 은퇴를 꿈꾸는 이가 많은 것도 사실 입니다. 조기 은퇴는 현 연간 소비액의 약 25배 이상의 자금을 마련해야 가능 합니다. 그래야 은퇴 후에도 현 수준의 삶을 지속 할 수 있습니다. 화폐 가치는 계속 떨어지기에, 자산과 자본에 대한 이해와 투자가 중요 합니다. 서구의 조기 은퇴는 은퇴 전과 후에도 아끼고 아껴서 경제적 구속에서 벗어나는 것을 의미 했지만, 한국에서는 은퇴 후에도 풍족하게 살면서 경제적으로 구속 받지 않는 개념 입니다. 그래서 거의 불가능 합니다. 또한 경제적 자유가 달성 되었다고 해도, 일이 없으면 또 다른 무료함의 구속 입니다. 우리가 진정 원하는 것은 은퇴가 아닙니다.

삶과 일에서 주도권을 잡고, 여기서 나오는 급여로 경제적 자유를 얻는 것을 바랍니다.

열심히 일해서 벌고, 투자해서 다시 불리는 것도 중요하지만, 돈을 계속 벌고 투자하는 것은 어렵습니다. 어느 순간에는 멈추는 선택도 필요 합니다. 그러나 계속 달리는 사람도 있습니다. 돈을 버는 것도 중요 하지만 쓰는 것은 더 중요 합니다. 자산과 자본을 대표하는 것이 화폐(돈) 입니다. 돈은 많았으면 하지만 돈만 많으면 안 됩니다. 돈에 대한 나의 태도와 철학이 있을 때 자유는 향상되고, 행복은 커집니다. 돈에 대한 자유는 돈에 대한 생각을 안 하면 된다지만, 어렵습니다. 투자의 귀재인 워렌 버핏도, 자선에 매진하는 빌 게이츠도 돈과 투자의 효용성을 생각 합니다. 워렌 버핏이 빌&멀린다 재단에 재산의 절반인 310억$을 기부 합니다. S/W(Software) 분야의 최고 혁신가 중 한 명인 빌 게이츠는 인류와 지구의 지속성에 관심을 두고, 소아마비와 질병 퇴치, 그리고 안전하고 지속적인 에너지에 관심을 두고 있습니다. 이들은 각자의 분야에서 쉬지 않고, 정진하고, 고민하고, 의미를 찾습니다. 봉사를, 일을, 소명(Mission)을 행하는데 멈추지 않습니다. 우리는 즐기기 위해, 소비하기 위해 태어난 것이 아닙니다. 선한 일을 통해서 태어난 의무와 책임을 다하는 선택을 하고, 여기서 행복을 얻는 경우가 많습니다.

끝없는 정진만이 행복의 유일한 길은 아닙니다. 잠시 멈추고 단기적, 장기적 정체와 휴식의 고민도 필요 합니다. 버는 만큼 쏜다고 합니다. 사실은 버는 것보다 더 쓰는 것이 문제 입니다. 소비를 줄이는 선택이 자신과 가족을 구하는 일 입니다. 소비가 줄면 우리가 원하는 은퇴도 더 빨리 할 수도 있습니다. 경제적 자유를 젊어서 얻을 수 있습니다. 너무 늦은 은퇴 혹은 장기적으로나 경제적 자유를 얻게 된다면, 단기적 자유, 일시적 은퇴라도 누리며 가기를 권합니다. 일시적 은퇴는 일을, 하던 것을 멈추고 쉬는 것을 의미 합니다. 마지막의 달콤함을 얻기 위해 장거리를 달리는 것은 너무 불행 합니다. 단거리를 달리고, 잠시 쉬는 것이 나에게, 가족에게, 이웃에게 행복을 줄 수 있다면, 당연히 그것을 선택 하십시오. 일시적 은퇴는 자원의 재분배 입니다. 시간은 돈을 버는 자원 중 하나 입니다. 그런데 돈이 적다고 시간, 가족, 정신, 육체를 재촉하면 모두가 불행 합니다. 돈을 버는데 유한한 시간을 다 투자하지 말기를 바랍니다.

물질과 화폐가 중요한 것 같지만, 시간이 더 중요 합니다. 원하는 정도의 물질과 화폐를 채우는 것이 힘들면 소비를 줄이면 됩니다. 일의 목적은 자아실현이고 자본 축적 입니다. 그러나 우리의 최종 목적은 돈이 아니고, 자유도 아니고 행복 입니다. 방법에 너무 많은 시간을 투자해서 최종 목적지인 행복에 늦게 도착하면 아무런 의미가 없습니다. 드디어 진정 원하는 것을 가졌지만, 시간이 없으면 아무런 의미가 없습니다. 철들고 죽으려면, 철들 필요가 없습니다. 시간의 의미를 안다면 본인에게도 타인에게도 여유가 있습니다. 멈출 때도, 포기할 때도 생각 합니다. 돈 말고도 주위의 소중한 것이 보입니다. 시간은 모두에게 유한 합니다. 지표면에서는 중력이 거의 같기에 시간 팽창이 없습니다. 지구인 모두에게 같은 시간이 주어 집니다. 인간에게 가장 평등한 것 중 하나가 유한의 시간 입니다. 부자도 가난한 사람에게도 예외가 없는 시간 입니다. 그래서 시간은 모두에게 같고 유한 합니다. 일과 직업에 모든 시간을 투자하지는 말기 바랍니다.

공대생에게 일의 의미는 나를 알아주는 세상을 만나서, 나의 가치를 믿고 세상에 기여하는 선한 일을 추구하면서, 행복과 부가 가치를 얻는 것입니다.

5. 경제와 자산,
　　　그리고 노동가치와 지도자

　경제란 사람이 생활하면서 필요로 하는 재화나 용역을 생산, 분배, 소비하는 모든 활동을 의미 합니다. (실물)경제 주체는 가계, 기업, 정부 그리고 국외(타국) 입니다. 가계는 생산과 소비를 담당하고, 기업은 생산과 분배를 담당하고, 정부는 재화와 서비스를 생산하고 분배하는 역할을 하고, 국외(타국)는 수출입과 관광에서 역할을 합니다. 경제 객체는 재화와 서비스를 의미 합니다. (금융)경제는 주식, 채권, 그리고 금융자산의 거래와 교환을 담당 합니다. 경제의 3요소는 생산, 분배, 소비 입니다. 그리고 생산의 3요소는 토지(자연 포함), 노동, 자본(20세기 권력 포함)이라고 배웠습니다. 20세기 고등학교 경제에서 배웠던 내용 입니다. 21세기에도 적용 되지만, 생산의 3요소만 가지고는 상품 판매가 어렵고, 더구나 이익을 얻기가 쉽지 않습니다. 판매가 안되니 경제는 마비(Paralysis) 상태 입니다. 21세기는 생산의 4요소로 디자인과 아이디어, 그리고 서사(History)가 포함되어야 합니다. 상품과 제품만으로 소비자는 이제 소비도 열광도 하지 않습니다. 기술이 세계화되고 평준화되면서 그렇고 그런 상품은 너무나 많습니다.

소비자를 감동시켜 매장 앞에 줄 서게 하고 비싸도 사게 하려면 디자인과 아이디어, 그리고 서사(History)를 가미해야 합니다. 그래야 마니아(Mania)가 생기고 팬덤(Fandom)이 확산합니다. 애플과 삼성을 비교하면 성능은 오히려 삼성이 앞서는 경우도 있지만, 프리미엄 고가 제품 판매는 애플이 월등히 앞서서 핸드폰 업계 수익 대부분을 애플이 가져 갑니다. 애플에는 고유의 디자인과 생태계가 있고, 세계 처음이라는 아이디어가 있고, 스티브 잡스의 서사(History)가 있고, 혁신의 이미지가 있습니다. 그래서 소비자와 마니아(Mania)가 있고, 이것이 팬덤(Fandom)을 형성해서 제품 판매율, 특히 고가의 프리미엄 제품의 판매를 높이고 있습니다.

　2006년 삼영전자의 서태식 사장님은 핸드폰 디자인을 새롭게 해서 LG와 삼성 등에 제안 했습니다. LG와 삼성은 자기들 디자인 팀이 할 수 있다며 서태식 사장의 제안을 거절 했지만, 지금은 사라진 모토로라는 이 제안을 적극적으로 수용해서 핸드폰의 전설로 회자되는 모토로라 레이저 폰을 탄생 시킵니다. 이 디자인으로 모토로라는 1억3천만대의 핸드폰을 판매 했습니다. 누가 창의적일까? 서태식 사장님, 이를 알아본 모토로라 경영진. 누가 창의적이지 않을까? 창의적인 사람은 서태식 사장님과 모토로라 경영진, 창의적이지 않은 사람은 대한민국 입니다. 그나마 서태식 사장님이 있어서 대한민국의 체면이 섭니다.

　대한민국의 경제체제는 자본주의로 생산은 과잉생산 체계이고, 경기는 호황과 불황의 주기가 있고, 화폐(돈)를 기본으로 합니다. 북한 사람이 남한에 오면 놀라는 것 중 하나가 남한에는 어디를 가나 물건이 많다는 것입니다. 경제체제가 다르기 때문입니다. 북한은 몇 안 남은 계획경제의 공산주의 체제이기에 과잉생산이 있을 수 없습니다. 10개중 9개는 제대로 배분되고, 1개가 부족해도 전부가 부족하다고 느끼는 것이 사람 입니다.

대한민국은 (신)자본주의 국가 입니다. 과잉생산 체계를 갖고 경기가 순환하는 화폐 경제 입니다. 그런데 우리의 과잉생산 체계는 내수가 작아서 수출을 전제로 세워진 구조 입니다. 제조업 비중이 GDP(국내총생산)의 28%, 세계 2위인 국가가 대한민국 입니다. 경기 순환도 대한민국의 상황에 따라 발생하는 것이 아니라 미국 혹은 세계경제에 따라 발생 합니다. 화폐도 한국은행에서 원화를 발행하지만 기축통화(Key Currency)가 아니어서 외국 화폐, 특히 달러에 의존적 입니다. 그래서 대한민국은 외풍에 취약한데, 이제까지는 고도 성장기여서 이러한 것들이 크게 문제가 되지 않았지만, 이제는 정체기 내지는 축소기에 들어서 더욱 세진 외풍이라는 것을 알아야 합니다.

그런데 우리의 지도자는 경제에 무지하고, 경제를 전공한 분도 금융경제에는 밝고 토지와 자본에 대한 이해는 있지만, 한국의 특별한 제조업 생산체계에 대한 실물 경제에 대해서는 무지한 듯 합니다. 한국경제에 대한 혜안과 통찰력이 있었다면 오늘날 1%대의 저성장과 0%대의 연간 출산율이 고착화되지는 않았을 것입니다. 이제는 성장률이 1% 이하가 되지 않기를 바랄 뿐입니다. 경제협력개발기구(OECD) 발표에 따르면 대한민국의 성장률은 2033년부터 0% 대가 되고, 2047년부터는 마이너스(-)가 될 것을 예측 합니다. 대한민국은 자원 빈국이지만 제조업 국가인데, 제조업에는 숙련된 인력이 필요 합니다. 이제는 숙련된 인력을 넘어서 창의적 혁신가가 필요 합니다. 자원도 없고 인력도 부족한데, 대한민국의 지도자는 아예 국가 R&D 비용을 삭감하고, 교육도 하향 평준화를 결정 했습니다.

　자본주위 국가인 대한민국에 화폐(돈)가 필요 합니다. 그런데 대한민국은 국가도, 기업도, 국민도 모두 채무자가 되어 가고 있습니다. 모두가 채무자가 되는 순간 대한민국은 멈출 수 밖에 없습니다. 국제금융협회의 2024년 보고에 따르면 가계부채가 국내총생산(GDP)의 100%를 넘긴 경제협력개발기구(OECD) 국가 중 유일한 국가가 대한민국 입니다. 국가채무가 2022년 기준 1천조 시대가 되었습니다. 국가에 따라 정부 산하기관을 넣는 곳도 있고 아닌 곳도 있어서 직접적 비교는 어렵지만, GDP 대비 2013년에는 489조원, 32.6% 였던 국가채무가 2022년에는 1,068조원, 49.4%로 늘었습니다. 액수는 2배 늘었고, 비율도 무시 못 합니다. 국가채무 비율이 늘었다는 것은 나라가 빚이 많아서 더 이상 타국에서 돈을 빌릴 수 없다는 뜻 입니다. IMF에 따르면 국가채무 비율이 5년 뒤인 2028년도에는 58%가 되어 비 기축통화국 중 세계에서 2번째 많은 나라가 되고,

국가채무 비율 증가 속도는 세계 1위가 됩니다. 국가채무는 기업이나 가계의 부채와 달리 인구 구조에 밀접하게 연관 되어 대한민국에 더 치명적 일 수 있습니다. 기업부채도 계속 증가해서 증가 속도는 세계 4위이고, 2023년 5월 기준 가계부채는 GDP보다 많은 5.6조원 입니다. 2008년 금융위기 이후로 대한민국의 가계부채는 선진국과 다르게 부채감축(De-leveraging) 없이 계속 증가하고 있습니다. 가계와 기업의 부실은 은행의 부실로 이어 집니다.

그러나 1998년 대한민국 IMF 사태와 2008년 미국 서브프라임 모기지 사태에서 봤듯이, 금융권은 사회의 인프라이기에 국가가 무조건 살려서 오뚝이처럼 다시 자리 잡습니다. 그리고는 예금 이율은 작게, 대출 이율은 높게 하는 차이로 이익을 얻어서 불멸 입니다. 은행 경영이 어려우면 특별한 노력 없이 예금과 대출 간의 차이를 벌리기만 하면 됩니다. 그래서 제조업을 능가하는 영업 이익을 올리는 곳이 금융업 입니다. 금융업이 제조업을 능가하는 국가는 지리적 이점을 활용하는 중개 무역 국가가 대부분 입니다. 한국은 지리적 이점이 적어서 중개 무역 국가가 되기 어렵습니다. 한국은 GDP에서 제조업이 차지하는 비율이 세계 2위지만, 제조업보다 금융업 이익이 많은 나라 입니다.

　대한민국은 원화가 기축통화(Key Currency)도 아니면서 국가도 기업도 가계도 모두 부채가 많습니다. 벌어서 빚 갚기도 벅차서 자기 앞 가름도 못하고 있습니다. 따라서 외국에서 대한민국에 돈을 빌려 주기를 거부할 수도 있어서 제2의 IMF 사태를 우려하지만, 닥치기 전까지는 누구도 걱정하지 않습니다. 빚도 능력이라고 합니다. 아닙니다. 빚은 빚 입니다. 이자를 갚을 때까지는 그래도 참아 주지만, 이자 마저도 못 갚으면 그것이 국가의 IMF 사태이고, 기업의 부도이고, 개인의 파산 입니다.

　1998년 IMF 사태에서 보았듯이 개인과 기업의 파산과 도산이 줄을 이었고, 자산의 화폐가치도 하락 했습니다. 도산과 파산은 모든 것을 무너뜨립니다. 1998년의 IMF 사태는 기업의 일시적 유동성 부족이었기에 힘들었지만 극복 되었습니다. 현재의 위기는 국가, 기업, 개인 모두가 부채 상태이기에 극복하기 어려울 수 있다는 경고가 많습니다.

　국가의 기업의 빚이 증가한 이유는 여러 이유가 있겠지만 현물 자산인 원자재와 원유 가격 상승으로 기업 이윤이 감소해서 세수가 감소한 것이 주요 원인 입니다. 가계부채 증가는 현물 자산인 부동산에 집중된 은행 대출 때문 입니다. 코로나와 세계 블록화에 따른 세계경제 침체도 무시하기 힘듭니다. 현물 자산의 절대 가치는 큰 변동이 없는데, 화폐의 유동성 증가로 화폐가치가 하락 했습니다. 가계부채는 자산의 화폐 금액이 계속 오를 것이라는 전제 속에서 은행에서 대출을 받아 현물 자산을 구입 했는데, 오히려 은행에 갚아야 할 금리가 상승한 것이 원인 입니다. 기축(Key Currency)통화국은 국가의 빚을 기업에, 가계에, 심지어 타국에 돌릴 수 있습니다. 미국은 금본위제도(Gold Standard)도 오래 전에 폐지했고, 기축통화국으로 타국에 진 빚은 달러를 추가로 발행해서 갚으면 그걸로 됩니다. 그래서 미국은 항상 무역 적자국이지만, 국가가 크게 고통 받지 않는 이유는 달러가 기축통화이기 때문 입니다. 한국 원화는 기축통화가 아니기에 부채를 타국에 전파할 수도 없는 국가, 오히려 영향을 받고 있는 국가여서, 국가의 빚을 국내에서 해결할 수 밖에 없습니다. 1998년 IMF 사태 시기에 채무가 거의 없었던 개인 모두에게 카드를 남발해서, 국가와 기업의 빚을 개인에게 넘겨서 IMF 사태를 대한민국은 극복 했습니다. 금 모으기와 함께 빚의 재분배가 역할을 했고, 가계는 빚의 재분배에 끌려 들어가서 고통을 겪은 것입니다. 코로나19 이후의 어려운 상황을 한국은 한국은행 발권력을 이용해서 기업과 가계에 빚을 넘기려 하지만, 부채가 모두 많기에, 개인도 기업도 더 이상 부채를 가지기를, 빚을 떠안기를 거부해서 국가가 빚을 넘길 곳이 없습니다. 더구나 비 기축통화국의 설움인 기축통화국의 빚까지 짊어지게 되어 고통스럽습니다. 어찌 되었던 빚은 빚 입니다. 도산과 파산을 맞지 않으려면 이자도 갚아야 되고, 원금도 갚아야 합니다.

코로나19로 기축통화를 가진 미국이 코로나 극복을 위해 금리를 낮춘 달러를 거의 무제한으로 방출 했고, 한국도 금리를 낮추어 화폐 유동성을 늘렸습니다. 화폐가치를 떨어뜨리니, 동일한 현물 자산가치에 대해 지불할 화폐 금액이 올랐습니다. 즉 자산 가격이 급등한 것입니다. 통상적으로 근로자의 임금은 시차가 있거나 인상에 우호적이지 않아서 정체되어 있거나, 현물 자산의 화폐 금액 만큼 오르지 않습니다. 대한민국 국민이 노동가치보다는 부동산과 같은 현물 자산의 화폐 금액 상승에 집중한 이유 입니다. 코로나19 이후 미국은 호황이며, 기축통화인 달러를 기본으로 하기에 금리를 계속 올려 물가 상승을 억제하려 합니다. 그러나 한국은 아직 경기가 불황이어서 금리를 올릴 수 없는데, 기축통화를 가진 미국이 금리를 올리니, 따라서 비 기축통화를 가진 한국도 금리를 올릴 수 밖에 없습니다. 은행에서 돈을 빌린 가계와 기업의 채무가 눈덩이처럼 커진 이유 입니다. 금리를 올리지 않으면 환율이 크게 올라서 대부분을 수입하는 한국 물가를 자극하니, 대한민국도 금리를 올립니다. 그래서 은행 대출로 현물 자산에 투자한 사람은 금리에 고통받을 수 밖에 없습니다.

자산의 절대 가치는 큰 변동이 없는데, 화폐의 유동성 증가, 즉 화폐가치가 하락해서 지불할 화폐 금액은 많아 졌습니다. 동일한 현물 자산에 지불할 화폐 금액은 크게 높아 졌지만, 근로자 인건비는 이를 따라가지 못했기에 노동가치는, 실질 임금은 크게 하락 했습니다. 프랑스 경제학자 토마 피케티(Thomas Piketty)의 주장처럼 사회의 부는 시간에 따라 소수에게 집중 되고, 자본(금융)소득은 노동소득보다 많다는 것을 다시 한 번 확인 합니다.

노동가치가 무시된 나라가 발전하고 성장한 경우는 없습니다. 세계를 호령하던 영국도 노동이 투입 되는 제조업 대신 편안한 금융업의 주식과 채권에 투자를 늘려서 제국의 자리에서 내려 왔습니다. 제조업을 통한 노동가치가 보장된 나라여야, 국민이 성실하게 땀 흘려 일하고, 여기에서 창의적 생각과 혁신가가 자라고 나옵니다.

지금처럼 내수용 의료인 인건비가 경제협력개발기구(OECD) 회원 국가 중 1위로 국가 능력을 초과하는 한, 모든 분야에서 인건비 상승 요구는 계속 될 것입니다. 인건비가 경제협력개발기구(OECD) 회원국 중 최고인 의료인은 내수용 전문가이고, 전문가는 오늘의 현실에 만족하기에 내일의 혁신을 원하지도, 개혁을 필요로 하지도 않습니다. 더구나 의료업은 내부 지향적 서비스업이지 외부를 향한 수출 지향적 제조업도 아닙니다. 의료인 인건비가 경제협력개발기구(OECD) 회원 국가 가장 높은 연봉인 상황은 일반인의 인건비 상승을 가져옵니다. 인건비 상승은 제조업 경쟁력 하락과 물가 상승을, 물가 상승은 다시 인건비 상승과 동일한 현물 자산에 지불할 화폐 금액을 높여서, 제조업을 더욱 위축시키고, 다시 물가 상승을 견인 합니다. 동일한 현물 자산에 지불할 화폐 금액의 정체나 하락을 위해서는 인건비 상승을 줄여야 합니다. 기업은 인건비 상승으로 재무 상태가 나빠지고, 기업 이윤이 감소 합니다. 결국은 국가의 세금 수입이 줄어 국가채무가 증가 합니다. 가계, 기업, 국가가 모두 빚에 시달리는 불황 입니다. 극복 없는 불황의 끝은 부도이고 파산 입니다. 인건비 상승을 억제하는 것은 여러 방법이 있지만, 현재는 의료인 인건비를 낮추어야 합니다. 국가 능력 이상인 경제협력개발기구(OECD) 회원국 중 1위인 의료인 인건비를 OECD 평균치로 내리면 많은 문제가 해결 됩니다.

의료 시스템은 의사와 의료보조 시스템, 그리고 이를 필요로 하는 환자로 이루어져 있습니다. 의료보조 시스템에서 일하는 간호사, 기술자(Technician), 분석가, 그리고 행정가의 급여는 대한민국 평균입니다. 그런데 의사의 급여는 경제협력개발기구(OECD) 회원 국가 중 최고 입니다. 병약한 환자에게 돌아갈 혜택을 의사들이 가져 가기에 경제협력개발기구 최고의 연봉이 된 것입니다. 대한민국 의료 시스템의 효율을 단지 의사의 급여로 책정하는 국가가 대한민국 입니다.

2-3%의 물가 상승은 정상이라고 경제학자는 이야기 합니다. 그래야 각국의 중앙은행 존재 가치도 있고, 중앙은행이 화폐를 발권하는 근거가 되는 이유 입니다. 금본위제도가 폐지된 오늘날에는 각국의 중앙은행이 화폐를 자유롭게 발행할 수 있습니다. 그러나 통상적으로 인건비 상승률은 항상 물가 상승률이나 화폐 발권율에 못 미치고 있습니다. 그래서 동일한 현물 자산

가치에 지불할 화폐 금액 증가보다 언제나 인건비 상승분이 적습니다. 즉 실질 임금 감소가 한 해도 아니고 매년 감소 합니다. 그래서 근로자가 갈수록 힘들어지는 이유 입니다. 결국 경제적 부는 소수의 금융 자본가에게 집중 됩니다. 10년 전의 화폐 가치가 현재보다 더 높다는 것은 희미한 기억이 아니고 사실 입니다. 근로자 임금도 오른다고 하지만, 통상적으로 물가 상승률이나 화폐 발권율보다 임금 상승율이 낮고, 각종 금융 사고시의 충격과 결과는 근로자의 몫 입니다. 실질 임금은 매년 줄어들고 있습니다.

중도층은 얇아졌고, 어려운 사람들은 새로운 돌파구를 찾습니다. 마르크스도 대안이 되지 못 했고, 인간의 본성에 충실해서 역사의 종말이라는 자본주의도 부의 양극화를 가져 왔습니다. 국민들은 기존 질서를 보완하고 발전시킬 것으로 기대한 진보주의 정치에 기대를 접습니다. 이제는 극우파를 지원 합니다. 이들도 대안이 아니라는 것을 알지만, 진보주의 정치에 대한 실망의 결과 입니다. 대안 없는 일반 국민들의 정치적 선택은 극우파이고, 이것이 세계적 현상이 되었습니다.

정치적 반발과 함께 국가의 중앙은행 통제에서 벗어나기 위해 생긴 것이 블록체인 기술이고, 대표적 금융 자산인 Bitcoin 으로 대표되는 가상화폐 입니다. 개인도 노력하지만, 각국의 중앙은행의 화폐 발권율 혹은 물가 상승률보다 인건비 상승률이 낮아서 항상 어려운 곳은 서민이고 근로자 입니다. 월급 빼고 다 오른다는 것은 사실 입니다. 그래서 개인은 절대 가치를 갖는 토지와 부동산과 같은 현물 자산에 투자하지만, 금리 상승을 대비한 이자 지급 능력을 고려해서 투자해야 합니다.

근로에 따른 인건비는 중요 합니다. 금융자산과 금융경제는 제조업을 기반으로 하는 현물 자산을 기반으로 성장 합니다. 한국은 특히 제조업 국가 입니다. 4차 산업혁명 시대지만 한국의 경우는 제조업을 외면해서는 모든 것이 사상누각(A House of Cards) 입니다. 4차 산업혁명을 꽃 피우는 미국도 제조업 육성에 공을 들이고 있습니다. AI(인공지능) 4차 산업혁명 시대지만 결국은 혁신가인 인간이 주체 입니다. 혁신가인 인간은 그냥 나오지 않습니다. 적정한 인건비를 받고, 훈련하고, 경험해서 성장하는 것이 혁신가 입니다. 성장시켰더니 떠난다고 아쉬워 할 필요가 없습니다. 한국은 노동 유연성을 높여야 합니다. 당장은 아닐지라도 성공한 그들은 그들의 둥지를 잊지 않습니다. 그래야 한국의 제조업 부활과 AI로 대표되는 4차 산업혁명을 위한 창업이 활성화 됩니다. 대한민국의 파이가 커지니 모두에게 이득 입니다.

　국가에는 지도자가 필요 합니다. 그냥 지도자가 아니라 국민의 행복과 국가의 미래를 책임질 혜안(Great Insight)을 가진 국가 지도자가 필요 합니다. 그것이 국가 경영 입니다. 국가 지도자에게 노동가치를 올리고, 산업 활성화를 위한 기술 개발과 신 성장 산업 발굴, 국가채무를 줄일 지도자를 국민들은 바라고 요구 합니다. 그러나 국가 지도자들은 소명(Mission) 의식이 없고, 편견과 단견에 사로잡혀서 혜안(Great Insight)과 통찰력(Vision)이 부족하고, 더구나 지도자들이 개인 치부(Rich)에 신경을 쓰고 있습니다. 그래서 국민들은 국가와 지도자를 믿지 않고 각자 도생(Living) 하니, 국민의 고통은 가중되고, 국력은 후퇴해서 저성장이 고착화 됩니다.

　성실한 근로자와 국민은 오늘을 삽니다. 전문가도 오늘을 삽니다. 그래서 가정과 사회와 국가가 유지 됩니다. 혁신가와 지도자는 선한 의지와 소명(Mission) 의식을 갖고, 오늘과 함께 내일을 설계해야 합니다. 대한민국에 선한 의지와 소명(Mission) 의식을 갖고, 오늘과 함께 내일을 설계하고 창조하는 혁신가와 지도자가 많았으면 합니다.

6. 직장 적응과 21세기 직장 문화

공부는 학교 졸업으로 끝나지 않습니다. 진정한 공부는 취업 후에 시작 됩니다. 업무와 승진에 공부는 필수 입니다. 이제 놀이와 일을 구분할 줄 압니다. 25세 넘으면 부모에게 의존하는 것이 당연하지 않고, 독립해서 가정과 사회에 기여해야 한다는 것을 압니다. 그래서 일을 진지하게 하고, 노력해서 나만의 위치를 확보해야 한다는 것을 몸소 체험 합니다. 내 삶을 위해서, 생존을 위해서, 승진을 위해서, 회사에서 공부해야 합니다. 회사 공부가 진정한 공부 입니다.

직장의 기본은 회의 입니다. 부서 내 회의도 있고, 타 부서와의 연합 회의도 있고, 외부 회의도 있고, 분기, 반기, 연간 회의도 있습니다. 중간 중간의 TF(Task Force) 회의, 전략 회의 등등 회의가 많습니다. 부장급 이상은 회사 업무가 회의로 시작해서, 회의로 끝난다고 할 수 있습니다. 과장급은 회의가 일 입니다. 회의를 통해서 문제점도 공유하고, 해결을 위한 업무도 분담하고, 업무 기한도 정하고, 다음 회의 일정도 잡습니다. 회의 주관자는 세부적인 것은 몰라도 되지만, 회의 내용과 방향을 50% 이상은 알고 있어야 합니다. 그래야 회의가 산으로 가는지 바다로 가는지 제어 됩니다. 동호회가 아니니 즐거운 회의는 없습니다. 그래도 회의를 통해서 사람을 알고, 일이 진행되고, 다른 부서 업무도 파악 되고, 나아갈 방향도 알게 됩니다. 싫은 회의는 회의를 위한 회의 입니다. 힘들고 어려운 회의는 브레인스토밍(Brainstorming), 소위 머리 쥐어짜기 회의 입니다. 귀중한 회의 시간이 효율적으로 운영되었으면 합니다.

회사에서 일의 시작은 회의지만 기본은 글쓰기 입니다. 시작도 끝도 글쓰기 입니다. 회의자료, 기획안, 중간보고서, 최종보고서 등은 글쓰기로 시작되고 마무리 됩니다. 아리스토텔레스가 타인을 설득하기 위해 권위(Power), 공감(Sympathy), 논리

(Logic)가 있어야 한다고 했습니다. 타인의 설득에 가장 필요한 것은 권위와 공감이지만, 글과 논문은 논리가 중요 합니다. 글은 기록되는 사회적 활동 입니다. 투명하게 공유하는 블록체인(Block-chain) 기술 입니다. 생각과 말은 변할 수 있어도, 글은 최종 산물이고 증거 입니다. 신중하게 잘 써야 합니다. 존중 받고 싶으면 남을 존중해야 하고, 시작은 언어이고 글 입니다. 대충하면 대접도 대충인 것이 세상 이치 입니다.

　세상은 공대생이 있어서 돌아가고 운영 됩니다. 공대생이 세상에 절대적으로 필요 합니다. 그래서 공대생은 글도 잘 써야 합니다. 누구보다도 글을 잘 써야 합니다. 글 잘 쓰는 학생은 문과로, 글 서툰 학생은 공대로 가야 한다는 것은 편견 입니다. 이제는 공대생 글을 전문가만 보던 시대는 갔고, 공대생 글도 세상에 공개되는 시대가 도래 했습니다. 공과대학 출신의 글은 문과대학 출신의 글과 약간 다릅니다. 공대생 글은 내용과 문맥을 자료와 정보로 정확히 전달하는 것이 기본 입니다. 공대생 글은 자료와 정보로 내용과 문맥을 파악하고, 자료와 정보로부터 위협 혹은 감동을 느낄 수 있어야 합니다. 자료와 정보를 보고도 위협 혹은 감동이 없거나, 문맥을 파악 못 하면 글쓴이의 잘못이거나, 읽는 사람의 문해력(문장 이해력)에 문제가 있는 글이 공대생 글 입니다. AI ChatGPT가 소설도 쓰고, 시도 쓰고, 음악도 만들며, 그림도 그리고, 영상도 해석 합니다. 프로그램 혹은 코딩(Coding)도 합니다. 그냥 해 보는 것이 아니고, 잘 합니다. 글 잘 쓴다는 것은 논리적으로 간결하게 글을 쓴다는 의미이고, 논리적으로 간결한 요소의 최적화는 공과대학에서 필수 입니다. 그래서 글의 내용과 기술을 판별할 줄 아는 공대생이 공학기술과 공학 지식을 바탕으로 논리적으로 정확한 글, 좋은 글을 쓰는 것이 필요 합니다. 문학적 표현은 ChatGPT도 할 수 있기에, 공학적 데이터와 공학기술의 어려운 자료와 정보를 일반인도 이해할 수 있도록, 논리적으로 쉬운 표현, 좋은 글을 쓰는 공대생 능력이 요구되고 있습니다.

공대생의 글쓰기는 상상력이나 창작력, 그리고 참신성과 감동을 우선하지 않습니다. 공대생의 글에는 은유가 필요하지 않습니다. 21세기 이전의 글은 자료와 정보를 얻기가 힘들어 상상력과 감동이 필요 했습니다. 이제는 자료와 정보만으로도 느낌, 감동, 그리고 사실의 인지가 가능해서, 정확한 자료에 기초한 논리적이고 간결한 글쓰기가 필요 합니다. 공대생의 글쓰기는 생각, 의견, 주장을 명확히 하는 업무 목표와 사실의 정확한 전달이 최우선 입니다. A는 A여야 하지, A가 B가 되기도 하고 C

가 되어서는 안 됩니다. 공대생의 글은 혼동 없는 논리와 간결함이 생명 입니다. 두괄식으로 해서 핵심을 빠르게 전달하고, 반응을 받는 논리적이고 간결한 글쓰기가 생명 입니다. 공대생 글쓰기에서 중요한 요소는 논리적 간결 입니다.

좋은 글을 쓰려면 많은 정보에서 필요한 정보를 얻고, 이것의 우선 순위를 정하고, 문맥을 정리하는 고민과 생각이 요구 됩니다. 타인의 정보와 글에서 타인의 생각을 읽어내는 능력이 필요하고, 이것은 타인의 글을, 문헌을, 책을 읽는 훈련에서 시작 됩니다. 타인의 글은 나에게 입력(Input)이 되어 출력(Output)으로 나옵니다. 또한 나의 글은 타인에게 다시 입력(Input)이 될 수 있기에 글쓰기를 훈련해서 좋은 글이 되도록 해야 합니다. 입력(Input) 없는 출력(Output)은 없습니다. 좋은 글을 쓰는 것도 결국은 공부이고 노력 입니다.

회의록 작성은 초등학교 학급 회의를 해도 작성 합니다. 그런데 국가 중대사인 국회의 예산결산특별위원회의 계수 조정 소위원회는 회의록을 작성하지 않거나 형식적 입니다. 명백한 부패 행위 입니다. 그런데 이것을 관행이라고 하지, 부패를 인정하는 국회의원은 없습니다. 국민의 세금을 훔쳤으나, 책임을 지지 않겠다는 범죄의 흔적 지우기와 같습니다. 이러니 어떻게 나라의 기강이 서고, 누가 국회의원을 존경 하겠습니까? 범죄자를 존경하는 국민은 없습니다.

직장이든 학교이든 세미나가 종종 있습니다.
세미나 내용의 50% 정도는 이미 알고 있고, 25%는 들어서 알고, 나머지 25%는 공부해서 알 수 있어야 합니다. 그래야 세미나가 재미 있습니다. 세미나 주제가 아무리 흥미로워도, 내용 중 아는 것이 30% 이하면 들을 필요가 없습니다. 알아야 재미가 있고, 호기심이 생기고, 질문도 합니다. 세미나는 쉽지 않습니다. 그래서 공부가 필요 합니다.

'소확행'이라는 말이 있습니다. 풀어 쓰면 소소하지만 확실한 행복 입니다. 원칙적으로 타인 관계에서는 소확행을 하지 말라고 합니다. 소확행 중에 직장의 잉여 물품을 가져다 본인이 쓰는 것을 많이 이야기 합니다. 직장에 가면 여러분을 믿고 일 시킬 것이냐 아니냐는 1주일, 늦어도 1달 내에 결정 됩니다. 그런데 그 와중에 소확행이라고 믹스커피라도 하나 건드리면, 그날로 믿음과 신뢰는 끝 입니다. 직장은 능력주의 입니다. 그렇지만 믿음이 기본인 능력주의 입니다. 타인과 관계 없는 소확행은 상관 없지만, 그렇지 않은 경우는 절대 하지 마십시오.

　직장 상사가 자료를 조사해 오라고 합니다. 인터넷에서 열심히 조사해서 자료를 갖다 줍니다. 상사 얼굴이 심상치 않습니다. 상사가 자료를 조사해 오라는 것은 인터넷을 참조해서 경향을 알고, 인터넷에 없는 것을 조사해 오라는 것입니다. 인터넷에 있는 정보는 상사가 더 잘 할 수 있습니다. 그 문제에 대해서 고민도 깊었고, 관련 정보도 훨씬 더 많이 알고 있으니, 인터넷 정보를 쉽게 더 많이 찾을 수 있습니다. 상사에게는 시간이 없을 뿐입니다. 자료를 인터넷 말고 책자에서, 문헌에서 더 깊이 있게 조사해 오라는 것입니다. 인터넷 내용만 조사하면, 그 날로 회사 나갈 준비 스스로 하는 것입니다. 상사가 찾을 수 없는 정보를 찾아와야 일을 한 것입니다. 상사도 과거의 방식을 고집해서는 안 됩니다. 과거의 방식으로 권위와 명령으로 짓누르니, 싫어하고 회사를 나가는 것입니다. 상사는 후배를 이끌어야 하고, 이제는 협상과 조정을 통해 함께 생존하는 모범을 보여야 합니다. 20세기의 권위와 명령은 더 이상 무기가 아닙니다.

　직장은 사장과 회사만을 위해 일하는 곳이 아닙니다. 나 자신과 동료가 함께 일하는 곳입니다. 나를 성장시키는 곳이고, 팀원으로서 협업을 배울 수 있는 곳입니다. 이념을 떠나 목숨을 건 전쟁에서 왜 그렇게 싸웠냐고 물으면, 옆의 전우(동료)를 믿고 전우(동료)를 위해 싸웠다고 합니다. 회사 다니는 친구에게 좋은 직장의 의미를 물었습니다. 미래의 성장 가능성 있고, 발전 가능성에 따라 나를 성장시킬 수 있는 부서가, 팀장이 있는 곳이 좋은 부서이고, 회사라고 합니다. 20세기는 대한민국에게 성장의 시기였기에, 하나라도 더배우고 경쟁해서 이기는 것이 중요했기에, 나의 성장이 중요 했습니다.

21세기는 생각도 다양 합니다. 20세기와 같이 나의 성장이 중요한 사람도 있지만, 일을 가치와 함께 삶의 수단으로 여겨서, 일을 통해 생활이 여유롭고, 일에 선한 가치가 있었으면 하는 사람이 많아 졌습니다. 내일보다는 오늘이 중요하다고 생각하는 사람들이 많습니다. 그리고 신자본주의 시대에 이제는 가족 같은 회사를 아무도 믿지 않습니다. 경제적 성취와 함께 일과 삶의 지속을 위한 정신적 웰빙(Well-being)에 가치를 두는 사람도 많아 졌습니다. 정신적 웰빙의 핵심은 내 삶의 자율성과 통제성, 즉 주도권 확보 입니다.

주도권보다 생존이 우선인 직장인이 더 많습니다. 직장이 힘들고 어렵더라도 포기하지 마세요. 힘들면 더 열심히 일하세요. 어려우면 더 배우세요. 배울 것이, 느낄 곳이, 소속감이 있는 곳이 직장 입니다. 직장은 일을 통해서 성과와 목표를 공유하고, 돈(급여)을 받는 곳 입니다. 받는 돈 이상의 일을 해야 하는 곳, 그곳이 직장 입니다. 돈은 프로만 받습니다. 직장이 여러분에게 원하는 것은 회사가 추구하는 방향에 따라 프로처럼 일하고, 급여를 받아 가기를 원합니다. 직장은 행복을 목표로 하지 않습니다. 희로애락도 있지만, 직장의 본질은 팀의 성과와 목표, 나의 승진을 위해서 열심히 일하는 곳 입니다. 성공과 행복을 위해 직장에서 열심히 일해야 합니다. 직장에서 최상의 목표와 투자는 힘을 얻기 위한 투자이지, 쾌락을 얻기 위해 투자가 아닙니다. 투자는 더 나은 곳을 가려는 의지 입니다. 할 수 있는 한 최선을 다하고, 힘들게 얻은 성취가 진정한 기쁨이고 행복 입니다. 고통을 감수하지 않으면, 행복을 느낄 수 없습니다. 최고의 직장은 프로처럼 일했기에, 프로 대접을 맞는 보수를 받고, 일을 통해서 나에게 지속적인 성장을 주는 곳입니다. 그렇다고 한 직장에 모든 것을 바쳐서 일하지는 마세요. 직장의 발전과 나의 발전이 같을 수도 있지만, 다를 수도 있습니다.

직장인은 시스템적 사고를 하라고 합니다. 전략적, 논리적, 합리적, 미래 지향적으로 준비해서 양과 질을 달성해서 성과를 내라고 하고, 지속적으로 훈련하라고 합니다. 좋은 성과를 내고 싶습니다만, 말은 쉽고 몰라서 못 하는 것 아닙니다. 잘 안 됩니다. 그래도 노력해야 하는 곳이 직장 입니다

MZ 세대에게 워라벨(Work-life Balance)이 중요하다고 합니다. 애석하지만 젊은 청춘에게 워라벨은 희망 사항이지 실행하기 어렵습니다. 워라벨은 성취와 자산이 축적된 사람에게만 해당 됩니다. 성취와 자산이 부족한 젊은이에게 워라벨은 환상입니다. 청춘의 불완전한 위치에서 워라벨 추구는 오히려 불안감만 증폭 시킵니다. 일에 지친, 자산을 쌓기 더욱 힘들어진 현대인에게 워라벨의 달콤한 속삭임은 우리를 힘들게 할 뿐입니다. 일을 완전히 이해해서 성취하고, 자산을 축적할 때 워라벨이 가능 합니다. 나의 힘과 노력으로 감당할 수 있는 삶의 크기가 예전보다 훨씬 작아졌다는 것을 압니다. 그래도 젊은이는 자신을 가치 있게 만들기 위해 모든 것을 투자해야 합니다. 열심히 배우고 노력해서, 자신의 영역을 구축하고 생존의 발판을 이루어야 합니다. 영역 구축과 생존 확보가 안 된 상태에서, 워라벨을 누리는 것은 미래를 포기하는 것입니다. 그래서 원하는 것이 있으면 워라벨보다 정진해야 합니다. 일론 머스크는 전기차 테슬

라 생산 초기에 주 100시간 이상을 일 했습니다. 그래서 전기차 영역을 구축 했습니다. 동물들도 매사에 최선을 다 합니다. 포식자에게 사냥의 실패는 죽음의 그림자가 드리우는 것이고, 포식자로부터 도망에 실패한 동물에게는 죽음 밖에 없습니다. 이들에게 워라벨은 없고 오직 생존 투쟁만 있을 뿐입니다. 투자(Input) 없는 결실(Output)은 없습니다. 젊은 시기는 직장과 삶에 투자할 때 입니다.

사회 구조상 어제보다는 오늘이 어려운 개인의 삶은 통계적 사실이지만, 새로운 결실을 이루는 사람도 많습니다. 개인의 삶은 힘들어졌지만, 세상의 경제적 부와 기회는 더 많이 늘어서, 어려움을 뚫고 성취하는 사람 수도 증가했기 때문 입니다.

사원, 대리, 과장은 전투원이며 전문가이기에 현업을 모르면 안 됩니다. 부장, 이사가 세세한 부분을 잘 모르고, 현실과 동떨어진 이야기를 할 수도 있습니다. 그래도 무시하면 안 됩니다. 그들도 사원이었을 때, 대리나 과장이었을 때는 현장 업무를 잘 알았기에 거기 있는 것이고, 이제는 나의 업무 능력인 고가를 판단하는 상사 입니다. 부장과 이사는 일의 방향(Direction)을 정하고, 속력(Speed)를 결정하는 사람이므로 신중하고 정확한 판단이 요구 됩니다. 이들의 결정이 잘못되면 열심히 달리는 사원, 대리, 과장을 낭떠러지로 몰 수도 있기 때문 입니다. 회사의 리더는 정말 중요 합니다. 리더가 무능하면 회사는 망 합니다. 리더의 잘못된 결정으로 손실과 매몰 비용이 증가하면 회사는 망 합니다. 21세기 잘못된 결정의 영향이 너무 크고, 대부분은 공학기술을 선택해서 결정해야 합니다. 더 중요한 것은 혁신적 공학기술 추진을 결정해야 합니다. 추격자(Fast Follower) 전략으로는 세계 1등 기업이 될 수 없고, 항상 내일이 불안 합니다. 애플의 스티브 잡스, OpenAI의 샘 알트만, 테슬라의 일론 머스크, 모더나의 스테판 방셀, nVIDIA의 젠슨 황과 같은 리더들은 혁신적인 제품 추진을 결정해서 투자했고, 각자의 영역에서 세계 1등이 되었습니다. 인재를 등용해서 쓰는 것도 중요하지만, 이것은 추격자(Fast Follower) 전략 입니다. 기회 선점의 결정, 혁신적 공학기술의 결정과 투자는 리더의 몫 입니다. 혁신적 공학기술을 포착해서 기회를 선점하려면, 미래의 도전과 변화를 남보다 앞서서 통찰하고 직관할 수 있는 자가 리더여야 합니다. 사색과 몰입으로 사물의 본질을 파악하는 훈련과 축적의 시간이 필요 합니다. 리더에게도 훈련과 축적의 시간이 필요 하지만, 이제는 돈의 흐름을 파악하는 20세기의 훈련과 축적의 시간이 아니라, 21세기와 22세기 공학기술의 흐름과 미래를 예견하는 통찰력에 훈련과 축적의 시간이 필요 합니다. 공대를 기본으로 해서 공학기술의 흐름을 알아야, 도전과 변화를 예견하는 미래의 통찰력이 생깁니다.

천재 대부분은 선천적이지만, 성공해서 최종적으로 천재로 기억 되는 사람은 소수 입니다.
전문가는 어제의 경험과 지식을 바탕으로 오늘의 지식을 가미하며, 현재에서 능력을 발휘하는 사람 입니다.
혁신가는 어제와 오늘의 경험과 지식을 매개로 미래를 통찰하고 직관해서, 신기술을 발굴하고 투자해서, 기회와 시장을 선점하는 사람 입니다. 혁신가 대부분은 후천적이고, 축적의 시간을 거치며 다듬어지고 만들어집니다.
사업가는 문제를 스스로 찾아서 해결하고 책임지는 사람 입니다. 대한민국은 사업가와 혁신가를 원하고 있습니다.

천재와 같이 특출 나게 뛰어난 사람은 많지 않습니다. 기회를 잡고 성공을 이룬 사람은 많지 않고, 이들도 남들보다 운이 더 좋은 경우가 많습니다. 성공은 노력, 영감, 때, 그리고 판단 등이 절묘하게 조화된 것이므로, 시류(Times)와 운명을 언급 합니다. 그렇지만 재능과 열정을 갖고, 투자해서 성장을 바라는 사람은 많습니다. 재능과 열정으로 투자하여 성장과 성공의 확률을 높이는 것이 국가, 사회, 그리고 기업이 할 일 입니다.

1990년 초에 일본으로 출장을 갔습니다. 다들 어려운 때라 출장비라도 아끼자고 한 방에 6~7명이 같이 잤습니다. 그러지 마십시오. 품위 떨어집니다.

신입 사원들이 예전보다 진취성, 도전 의식, 인내심, 애사심이 부족하다고 이야기 합니다. 예전에는 정보가 적고, 사람이 많아서 한 회사가 평생 직장이 되었습니다. 하지만 지금은 핸드폰 속에 국내외 연봉 1등 회사부터 모두 것을 확인할 수 있습니다. 정보가 넘칩니다. 외국 유명 업계를 따라 하던 추격자(Fast Follower) 전략에서는 20세기처럼 낮은 연봉으로 대한민국이 전진할 수 있었습니다. 그러나 이제는 애플, MS, 아마존, Meta, OpenAI 등과 경쟁해야 합니다. 대우도 버금가게 해주고 성과를 기대해야 합니다. 네이버와 카카오와 같은 한국 IT 기업의 생각이 20세기의 추격자(Fast Follower) 전략이면, 혁신적인 생각이 부족해서 정체 됩니다.

MZ 세대의 이직률과 퇴직율이 낮지 않습니다. 이들은 종래의 조직 문화 적응에 힘들어 합니다. 이들의 처음 선택이 급여였지만, 퇴직하는 이유는 워라밸(Work-life Balance)보다, 급여보다 조직 문화와 행복이 이유 입니다. 대한민국은 할 수 있고, 해야만 한다는 군대 문화 속에서, 20세기 후반의 성장기에는 들어가려는 사람이 많았습니다. 이제는 입사하려는 절대적 숫자가 줄었고, 대한민국이 정체기에 들어 섰으며, 정보가 넘치기에 20세기식 조직 문화로 이들을 훌륭한 사원으로 이끌기 벅찹니다. 회사의 문화와 사고를 21세기 변화하는 대한민국 형태로 바꾸어야 상생이 가능하다는 것을 알아야 합니다.

직장 문화가 바뀌고 있습니다. 20세기 직장 문화와 완전히 달라진 21세기 직장입니다. 직원을 소중히 생각해야 합니다. 마음만 그렇게 먹지 말고, 대우도 그렇게 해 주어야 합니다. 열정과 희생만 기대해서는 남은 직원이 없습니다. 마음 가는데 돈 갑니다. 대한민국은 개방화된 자본주의 경제 입니다. 그렇지만 21세기 한국 직장인에게 돈보다 중요한 것은 일의 가치와 문화 입니다. MZ세대 한국인은 나의 행복이 최우선이고, 그 다음이 회사와 공동체의 선과 발전 입니다.

7. 경제와 이익

　19세가 성인 나이이니, 25세 기준으로 자녀에게 세금 없이 증여할 수 있는 액수가 약 1억원 정도 입니다. 태어나면서 2천만원, 11세 때 다시 2천만원을 줄 수 있고, 21세에 다시 5천만원을 증여할 수 있습니다. 혼인과 출산에 따른 증여 금액이 증가 했습니다. 국세청의 홈택스에 반드시 준 내용을 증빙으로 등록해야 인정 받습니다. 제도는 이렇습니다만, 실제로 그렇게 하는 부모는 매우 적습니다. 명절 때 종종 받는 금액은 통상 면세라 보면 됩니다.

경제 교육을 위해 돈의 사용 명세서를 작성해라, 주식 통장을 만들어서 관심을 유도하라 등등의 방법이 제시 됩니다. 본인 것이면 관심이 높기 마련 입니다. 그러나 학생의 본질은 학교 공부이니, 도를 넘지 않도록 해야 합니다 사정이야 어쩔 수 없으니 하는 것이지만, 학생 때 아르바이트 하는 것을 반대 합니다. 등록금 정도 벌려면 월 100만원 정도 벌어야 합니다. 그렇게 벌려면 수업 끝나고, 밤 늦게까지 일해야 합니다. 공부할 시간이 없으니 학점이 바닥 입니다. 차라리 공부를 열심히 해서 전액 장학금을 받으면 현재와 미래에 도움이 된다고 이야기 합니다. 그래도 저녁에 일을 나갑니다. 야간 아르바이트는 현금이지만, 장학금은 불확실하다고 하면서!

대학생에게 취업 후 얼마 받기를 원하는지 질문 합니다. 월 3백만원부터 계속 올라 갑니다. 그러면 회사에 얼마 벌어 줄 것인지 질문 합니다. 월 5백만원을 받으니 5백만원만 벌어 주겠다고 합니다. 그러면 회사 망 합니다. 회사는 순익의 5백만원을 그대로 주는데, 5백만원만 벌어 오겠답니다. 매출과 이윤 개념도 없습니다. 순익 5백만원으로 월급 주고, 연구비, 재료비, 관리비, 시설비, 복지비, 감가상각, 기타 공과금 등도 주어야 하는데 얼마를 벌 것이냐고 다시 질문 합니다. 통상 제품 판매비의 10%가 회사 이윤이라고 이야기 합니다. 고민하더니 월 5천만원 정도 매출을 올리겠다고 합니다. 힘든 표정입니다. 그래도 회사는 망 합니다.

중소기업 회사라면 본인 월급의 최소 2배의 이윤을, 판매가의 10%가 회사 이익이라면 20배의 매출을 해야 합니다. 즉, 급여 5백만원을 받는 경우라면, 월 1억원 이상의 매출을 올려야 회사가 겨우 존속 합니다. 대기업은 최소 월 급여의 50배 이상의 매출을 올려야 회사가 운영 됩니다. 중소기업은 월 최소 1억원 매출, 대기업은 월 최소 3억원 매출이 월급 받는 만큼 회사에서 일하는 금액 입니다. 5백만원 받았다고 5백만원 정도만 일하면 회사는 당연히 망 합니다.

조용한 퇴사(Quiet Quitting)가 있습니다. 20세기는 개인 역량에 기초한 리더십이 중요 했지만, 21세기 신입 사원에게는 계획적이고 예측 가능성이 중요 합니다. 나의 가치는 내가 한 일의 결과로만 평가받지 않겠다는 것이 21세기 사원의 가치관 입니다. 일을 열심히 하지 않겠다는 것이 아니고, 초과 근무, 돌발적 근무를 거부하고, 회사에 무조건 충성을 하지 않겠다는 개념 입니다. 또 자산 벽이 높고 다시 취업하기 힘드니 소극적으로 회사 다니는 것을 의미하기도 합니다. 업무에도 최소한 기본만 합니다. 회사의 발전과 나를 일치시키지 않습니다. 회사로서는 큰 리스크 입니다. 2021년 취업 포탈 직장인 조사에서 20대는 70%, 50대는 40.1%가 받는 만큼 일하는 것을 옹호 합니다. 사원의 월급은 일한 것도 있지만, 회사로서는 미래를 보고 투자하는 성격도 큽니다. 사원의 적성과 자질, 그리고 꿈을 이끌 상사의 노력과 세심한 관찰이 필요 합니다. 처음 사원이라고 영원히 사원이 아닙니다. 신입 사원도 3년 후에는 대리, 다시 4년 후에는 과장 입니다. 부장, 이사, 사장도 될 수 있습니다. 최소 대리, 과장은 되어야 월급 만큼 일할 준비가 된 것입니다. 사원 때부터 준비해야 각각의 자리에서 제 역할을 할 수 있습니다. 20세기는 능력자가 일 많다는 개념이 통했으나, 21세기는 예측성과 합리성이 중요 합니다. "될 때까지 해 보자."의 20세기 문화를 강요하지 말고, 경쟁은 극심한데 자산 형성은 어려워진 상황에 공감해야 합니다. 합리성과 정의, 그리고 분배를 요구하는 사원을 이해하고 제도를 보완해야 합니다. 그래도 조용한 퇴사는 없고, 있어서도 안 됩니다. 본인과 회사 모두 큰 손실이고 위험 입니다. 도덕적으로도, 팀원으로도, 경제적으로도 취할 자세가 아닙니다.

직원들 모두가 많은 급여를 받기 원합니다. 그러면 많은 급여를 주면 더 많은 성과가 나올까요? 아닙니다. 여기에 사원과 사장님의 고민이 있습니다. 신입 사원은 자산과 자본의 축적이 적어서 많은 급여를 원합니다. 실제로는 대부분 사원이 많은 급여를 받기 바랍니다. 어려운 사장님 경우는 어쩔 수 없다 해도, 여유 있는 사장님도 단기적으로 1회성 성과급을 줄 수는 있을 망정, 여유 있게 급여를 책정하지 않습니다. 인간의 특성은 열린 가능성의 존재, 사회 문화적 존재, 유희적 놀이적 존재, 그리고 도덕 시간에 가르치지 않는 욕망의 존재 입니다. 욕망이 있기에 남들보다 더 열심히 해서 성취하려는 욕구가 강하고, 특히 자산과 자본이 부족한 20대 30대에는 이 욕망이 높습니다. 욕망이 충족되면 새로운 욕구인 지적인 사회 문화적 존재를 원하거나 여유와 유희를 추구하는 것이 일반적 입니다. 중학교때 배운 일반 경제학의 한계효용체감의 법칙 혹은 고센의 제1법칙은 급여에도 적용 됩니다.

　즉 일정 이상의 급여로 경제적 욕망이 충족되면, 더 열심히 일을 해서 경제적 욕망이나 소명에 가속도를 붙이는 인간은 소수이고, 대부분은 사회적 욕구, 지적욕구, 미적 욕구, 놀이, 소망 등으로 욕망이 바뀝니다. 그래서 인간의 속성을 꿰뚫고 있는 사장님은 어려울 때를 대비하기도 하지만, 인간의 성취 욕망에 못 미치게 급여를 책정 합니다. 물가 상승률보다 낮게 급여를 책정해서 항상 근로자를 힘들고 어렵게 하는 이유 입니다. 즉 급여 만으로는 우리가 원하는 경제적 욕망을 달성하기는 어렵습니다. 한계효용체감의 법칙을 고민하는 회사는 혁신하고 성장하는 회사입니다. 급여 자체에 힘들어 하는 회사도 있습니다.

대한민국에서 부유층이 한국 경제를 활성화하는 대신 한국을 떠나고 있습니다. 국제 투자이민 컨설턴트사인 헨리앤드파트너스 사가 순자산 100만 달러 이상의 국제 이주 관련 자료를 공개 했습니다. 외국으로 이주를 선택한 국가 1위는 중국으로 13,500명 정도, 2위는 인도 6,500명, 3위 영국은 3,200명, 4위 러시아는 3,000명, 5위는 브라질로 1,200명, 6위 홍콩이 1,000명, 그리고 7위가 한국으로 800명 입니다. 800명이 적다고 할 수도 있지만, 중국은 14억 명 중에 13,500명이고, 한국 인구를 14억으로 환산하면 22,400명, 중국에 앞서는, 거의 2배의 부유층이 대한민국을 등지고 있습니다. 대한민국을 등지는 이유는 상속세 때문입니다. 한국 상속세는 높습니다. 35억원의 부자가 상속세 없는 나라로 국적을 바꾸면 10억원 절약 됩니다. 그래서 부자 들은 한국 경제를 활성화하는 대신 상속세 없는 나라를 선택해서 국적을 바꿉니다. 기업도 상속 재산 때문에 사업 확장과 승계에 고민 합니다. 부의 대물림도 문제지만, 부자들이 아예 한국을 떠나는 것은 더 문제 입니다. 농담으로 나이 들어 버는 것은 나라에 세금 내려고 번다고 이야기 합니다. 기업이 수익을 10% 올리면 괜찮다고 이야기 하는데, 국적을 바꾸어 상속세가 줄어서 50% 수익이 나는 경우이면 어떻게 하시겠습니까? 대한민국 청소년 중 10억이면 감옥에 가겠다는 비율이 50%를 넘습니다. 100억이 한국에서 경제 활성화에 쓰일 수 있는데, 세금으로 40억원을 내야 해서, 아예 한국을 버리니 한국은 수익이, 공공자금이 0원 입니다. 부자가 되는 것이, 나라에 세금 내는 것이 원이라는 사람도 많지만, 상속세를 없애는 것은 세계적 추세 입니다. 호주, 오스트리아, 캐나다, 체코, 이스라엘, 멕시코, 뉴질랜드, 노르웨이, 슬로바키아, 스웨덴 등은 상속세가 폐지된 나라 입니다.

나라에 돈이 돌지 않고 있습니다. 통계청 발표에 따르면 0.9% 부자가 자산 60%를 소유하고 있습니다. 최근 12년 동안 2030 세대의 순자산 비중은 15.6%에서 11.3%로 줄었습니다. 반면 60세 이상의 고령층 자산은 28%에서 42.4%로 뛰었습니다. 2023년 60세 이상의 고령층 순자산은 3,856조원으로 지난

해 명목 국내총생산액 2,162조원을 초과하고 있습니다. 재테크를 통한 자산 기준 부자가 노동을 통한 소득 기준 부자보다 많아서, 젊은이의 노동 의욕을 꺾고 있습니다. 고령층 자산이 생산적 자금에 흐르도록 해야 합니다. 우리는 생산자이며 소비자지만, 젊은이는 투자 경향이 크고, 고령층은 소비 경향이 높습니다. 투자가 부가가치(Added Value)를 가져오고 경제를 활성화 시키지, 소비가 부가가치를 증진하지는 않습니다. 소득은 소비로 소모되기보다는 자본으로 재 투자되어야 합니다. 부가 젊은이에게 이전 되도록 상속세와 증여세를 개편해야 합니다. 영국과 프랑스는 미술품 물납제를 시행한지 오래되어서 문화적 부를 꾸준히 축적하고 있습니다. 한국은 2023년에 시작 했습니다.

회사에서 신입 사원 대신 경력 사원을 주로 뽑습니다. 공채가 대부분 사라졌습니다. 20세기에는 회사가 신입 사원을 투자로 보았는데 이제는 비용으로 간주하기에 바로 쓸 수 있고, 교육 없이도 생산성(Output)이 나오는 경력직을 선호 합니다. 회사는 비용과 불확실성을 싫어 합니다. 인력 교육 비용과 충성도 낮은 신입 사원의 잦은 이직으로 높아진 불확실성 때문에 경력직을 선호 합니다. 경력직은 비용도 줄이지만, 업무의 효율성과 예측성도 높습니다. 신입 사원 채용이 준 것은 투자 비용과 시간을 절약하려는 기업의 대책이 경력직을 우선하는 것입니다. 이제 학벌이 취업을 보장하던 시대는 지났습니다. 경력직 위주로 취업 문화가 변했다는 것을 취업 준비생은 알고 대비해야 합니다.

회사도, 수험생도, 취업 준비생도, 직장인도, 그리고 경영자도 고민 합니다. 21세기는 인간과 인간이 직장에서, 일에서 경쟁하지 않습니다. 어떤 진로를 택해야 하고, 언제까지 내 직장이 존속할지의 결정을 인간이 아닌 AI(인공 지능) 발전 정도로 결정될 것입니다. 수년 내로 AI가 세밀한 작업도 할 것입니다. 회사는 비용 절감과 불확실성 감소, 그리고 효율성 측면에서 AI를 대적할 것이 없다고 생각하고 있습니다. AI에 도전하지 말고, 활용법에 대해 고민해야 합니다. 그런데 너무 버겁습니다. 컨베이어 시스템의 대량생산 혁명인 2차 산업혁명 시대에 시스템 적합자만 생존 했습니다. 물론 다수의 부품 업자, 판매자, 서비스 센터, 교통 시스템 등 무수한 직업이 생겼습니다. 하나의 직업이 영원하지 않기에 2번, 3번의 새 직업에 적응해야 합니다. 새로운 직업에 대해 2번의 적응은 가능하지만, 3번은 힘들고 4번째부터는 일보다는 삶 때문에 출근 합니다. 사회가 나를 필요로 하고, 나도 사회에 의미가 있을 때 나의 존재 가치를 느깁니다. 3번의 변환 혹은 적응 후에는 나의 존재 가치에 회의를 가지는 것이 인간 입니다. 적응은 적응이고, 도태는 도태 입니다. 내가 시궁창에 있는데 도시의 불빛, 발사되는 우주선은 나에게 의미가 없습니다. 소수의 AI를 쓸 줄 아는 인간이 다수의 AI를 쓸 줄 모르는 인간을 대체할 겁니다. 2016년 이세돌과 알파고 바둑 대결 이후로 대부분 게임에서 AI가 승리 합니다. 초기 AI는 기초 데이터를 입력해야 했지만, 이제는 스스로 알아서 학습 합니다.

불확실하지만 AI에 대한 생존 직업을 예측 합니다. 고난도 기술 분야와 인성 지배적 직업, 그리고 창의력과 통찰력이 필요한 분야가 그나마 AI 침투가 늦을 것이라 합니다. AI 발전 속도를 고려할 때 이러한 예측이 수년 후에도, 미래에도 의미가 있는지는 사실 의문 입니다. 시간이 많지 않습니다. 2030년 이후에는 AI 지능과 기능이 인간을 넘어설 것으로 예측 합니다.

2023년 화두는 일론 머스크와 샘 알트만 등이 설립한 OpenAI 였습니다. Dall-E2는 그림도 그립니다. 이 책의 표지 그림도 OpenAI Dall-E2를 이용해 생성한 것을 가공한 것입니다. ChatGPT3.5는 키워드 중심의 기존 검색 엔진 대신 자연어를 기반으로 인간처럼 추론하고 창작하는 거대언어모델(LLM: Large Language Model) AI를 사용하고 있습니다. 데이터 처리 및 가공 뿐만 아니라, 인간의 창작 영역이었던 시, 음악, 소설, 논문 등의 영역, 그리고 의료 및 영상 자료 판독, 치료 및 처방, 그리고 각종 직업에도 영향을 줄 것입니다. 이제는 시각, 청각, 후각 등의 인간처럼 정보를 주고받는 멀티모달(Multi Modal) ChatGPT 4.0 시대입니다. 기존의 AI는 텍스트와 자연어를 주어진 학습 방법으로 익혀서 답을 했지만, 이제는 스스로 배우고 답 합니다. AI ChatGPT 환경도 진화 합니다. 거대 언어 모델과 클라우드 기반에서, 제품에 클라우드 기능을 아예 포함시키는 온 디바이스 AI로 응용 기술이 진화하고 있습니다.

2022년 11월 ChatGPT3.5, 22023년 3월 ChatGPT4.0이 출시 되었습니다. ChatGPT를 기반으로 기계가 인간과 같은 특이점(Singularity)이 될 수 있기에 모두가 집중 합니다. 농업혁명, 기술혁명, 1차, 2차, 3차, 4차 산업혁명은 인간이 주인이고 산업 기술혁명이 인간을 도와주는 도구였기에 인류는 환영 했습니다. ChatGPT 등장은 AI가 주인이고 인간이 도구로 전락할지도 모른다는 위기감이 고조 됩니다. 인류는 불안한 시선으로 ChatGPT를 보고 있습니다. ChatGPT는 채팅(Chatting), 자료

검색 및 정리, 코딩도 할 줄 압니다. 종래의 단어 검색에서는 Keyword 입력 후 나온 결과를 선택하고 편집하는 제반 작업을 인간이 주도적으로 했습니다. ChatGPT는 이 과정을 스스로 알아서 하고, 결론까지 냅니다. 인간은 최종 결과물의 진위와 가치 여부만 판별 합니다. 중간 과정에 인간이 낄 틈이, 여지가 없습니다. 그래서 인류가 위협을 느끼고, 전문적 공학 지식과 인문 소양을 가진 인간만 생존할 것입니다. 전문 사무직은 생존할 것으로 예측했는데 이들도 위험 합니다. 오히려 AI 기계 대비 인간이 비교 하위에 있는 직업군에 인간이 쓰이기는 하겠지만 저급 업종일 것입니다. 비용 대비 비교 우위의 인간 직종은 AI로 대체 될 수 있습니다. 단순 작업이 많은 생산직의 블루칼라는 물론이고, 창작적인 사무직 및 화이트칼라 직업군도 AI로 대체되고 있습니다.

AI ChatGPT 영향으로 문화계는 충격을 벗어나지 못하고 있습니다. ChatGPT는 인간의 생산성을 높여 주고, 새로운 직업도 생길 겁니다. 여기에 적응하고 ChatGPT를 활용하는 인간은 생존할 수 있지만, 나머지는 도태 될 것입니다. 인문학적 소양을 가진, 전문적 공학 지식을 가진 인류만 생존할 것이기에 준비해야 합니다. 핸드폰 이상의 문명 변화가 몰려오고 있습니다.

기업의 목표는 이윤 추구 입니다. 1976년에 노벨상을 수상했고 신자유주의를 강조했던 Milton Friedman(1912~2006) 이래로 자본주의 기업체가 추구했던 목표 입니다. 기업 이윤을 우선시해서 주주 우선 정책을 실시하고, 이것이 달성되면 회사 책임자에게도 주식을 증여하자는 신자본주의를 많은 곳에서 확인할 수 있습니다. 수정 자본주의 하에서는 근로자 평균 임금의 수십배를 받던 회사 책임자가 이제는 수백배를 받는 것이 당연시되고 있습니다. 즉 90%의 부를 상위 1%가 갖는 것이 자본주의 사회이고, 부의 상층화와 다음 세대의 고단함이 당연한 사회가 되었습니다. 그러나 이윤만 쫓던 대부분의 기업들은 사라졌습니다. 21세기 기업이 생존하려면 이윤 추구와 함께 환경에 대한 책임, 사회적 책임, 더 나아가서 투명한 경영 요구까지 지켜야 합니다. 이것이 ESG(Environment, Social, Governance) 혹은 RE-100(Renewable Electricity 100%)으로 표출되고 있습니다.

회사 다니기 힘듭니다.
그러나 변화의 물결 속에서 회사를 지속시키고, 운영하고, 정상적으로 급여를 주는 것은 더 어렵습니다. 급여 제때 주는 사장님이 신(GOD) 입니다. 사장님에게만 의지해서는 여러분은 도구 입니다. 신기능의 새로운 도구가 오면 낡은 도구는 버려집니다. 기술을 이해하고 선도해서 사용할 수 있는 혁신가와 전문가만이 생존할 수 있습니다. 기술혁명이 진행되고 있지만, 노동가치와 함께 혁신적 아이디어에 소득이 재 투자되고 생산되어 자산(Property)이 증가하고, 부자가 되어야 합니다.

8. 성공의 기준은 무엇인가?

성공을 원하고 주위에 성공한 사람도 많습니다.

그런데 성공의 기준이 무엇일까요? 한국인에게 물으면 경제적 부를 성공의 기준으로 많이 제시 합니다. 그러나 한국만이 아니라 외국 경우도 경제적 부를 이룬 사람이 그다지 행복하지 않습니다. 그래서 성공의 기준을 생각해 보아야 합니다. 경제적 부나, 사회적 기준 대신 나에게 성공의 기준을 맞춥니다. 내가 원하는 것이 무엇이고, 내가 행복한 것이 무엇인가 생각하면, 조금 더 성공의 기준에 부합 합니다.

성공의 기준을 나의 자아실현에 맞출 수도 있습니다. 나를 표현하고, 내가 만족하고, 행복하면 성공이라고 생각하는 것입니다. 보수는 적을 수 있습니다.

성공의 기준을 나에 대한 타인의 인정이라고 생각할 수도 있습니다. 우리는 사회적 동물이기에 나만의 자아실현으로는 부족 합니다. 타인이 나의 능력과 가치를 인정해서 내게 소속감을 들게 하고, 내가 필수 인력임을 자각할 때 성공의 기준과 행복의 가치에 도달할 수 있습니다. 타인의 인정은 일의 가치, 나의 존재 의미와 함께 경제적 부도 동반 됩니다. 타인의 인정을 다른 말로 하면 사회적 기준이기도 합니다.

정신 분석학자 칼 융이 말했던 자아실현과 삶의 의미인 두 가지 모두 성공의 기준이 될 수도 있고, 아닐 수도 있습니다. 한 때는 성공했지만, 시간이 지나고 후회하는 경우를 종종 봅니다. 본인의 확고한 신념에 따라 성공의 기준을 정의하고, 선택해도, 환경에 따라, 시간에 따라 변할 수도 있습니다. 이것이 성공 입니다. 그래도 본인이 성공의 기준을 가지고 있으면 후회를 덜 합니다. 기준을 가지고 전략을 취해서 행동해야 성공에 근접할 수 있습니다.

　대한민국 밀레니엄 세대의 성공 기준은 기존 세대의 돈이나 명예보다 그들 기준의 다양한 가치를 성공의 기준이라 합니다. 자율적인 자기만족, 경제적 안정 추구, 능력 중심의 합리적 업적주의가 가능 했으면 합니다. 삶의 의미와 선한 영향력, 독창적인 일을 더 가치 있는 것으로 생각하고 행복하다고 합니다. 다행 입니다. 성공과 행복의 기준을 내가 정했으면 합니다.

　성공이 영원한 듯하지만, 영원하지 않습니다. 성공은 결과이지 과정이 아닙니다. 성공한 제국이었던 로마가 망했고, 진나라가 망 했습니다. 개인도 이 범위에서 벗어나지 않습니다.

　대한민국은 선진국이 되는 것이 꿈 이었습니다. 대한민국이 추격자(Fast Follower)일 때는 소위 선진국이 성공 모델 이었습니다. 이들의 경로와 제품을 따르고 모방하면 되었습니다. 이제는 우리도 선진국이 되어, 따라서 할 나라나 기업이 많지 않습니다. 가치 창조, 가치 설계 국가가 되어야 합니다. 이제 대한민국의 성공 기준은 추격자(Fast Follower) 모델이 아닙니다. 새 기술과 새 가치를 설계하고 창조하는 것이 대한민국의 성공 기준 입니다.

코닥이라는 회사가 있었습니다. 20세기 필름 분야의 최고 강자 였습니다. 아날로그 필름 분야의 성공 사례로 인용 되다가, 디지털 세계의 실패 사례로 자주 회자 됩니다. 노키아라는 2G 핸드폰 회사가 있었습니다. 생산 효율성 극대화와 이윤 극대화 관점에서 세계 최고 였습니다. 그러나 스마트폰이라는 새로운 환경에 적응하지 못해서, 순식간에 몰락하고 사라졌습니다.

경쟁은 혁신을 낳고, 독점은 이윤을 낳는다.

이윤을 생각하고 혁신을 등한시한 기업과 개인의 몰락사는 너무나 많습니다. 코닥은 아날로그 필름의 수익을 위해 디지털카메라 보급을 막습니다. 이 틈에 일본 디지털카메라 회사가 급 성장 합니다. 코닥은 시가 총액 340억$에서 2억$로 쪼그라들었고, 결국 망 했습니다.

혁신은 막는다고 멈추지 않고, 막을 수도 없습니다. 기술 혁신은 지속 됩니다. 혁신 힘듭니다. 대부분의 혁신은 실패 합니다. 소비자의 욕구를 이해하지 못해도 실패 하고, 기술 방향을 잘못 예측해도 실패 하고, 너무 빨라도 실패 하고, 너무 늦으면 당연히 실패 합니다. 이 중에 한두 개가 살아 남아서, 개인과 기업과 국가의 문명을 바꿉니다. 혁신을 멈추면 당연히 몰락 합니다. 혁신해도 몰락 합니다. 단기적 생존 전략과 장기적 생존 전략을 세워 몇 개의 실패에도 버틸 힘을 비축 해야 합니다. 신생 창업사가 1번의 성공으로는 존속하지 못하고, 여러 번의 위기와 성공을 겪어야 자리 잡는 이유 입니다. 마케팅, 인력 관리, 제품 개발 등의 내공이 그냥 생기지 않습니다. 1번의 성공은 성공이 아니라 몰락 입니다. 기업합병(Merge & Acquisition)을 시도하는 이유가 개발 시간과 실패 확률을 줄이고자 비용을 지불하는 것입니다.

성공은 노력을 기반으로 운, 영감, 시간, 그리고 이성 판단이 정확히 그리고 절묘하게 결합할 때 이루어 집니다. 능력과 노력이 부족해서 실패할 수도 있고, 운이 없어서 실패할 수도 있습니다. 시간이 어긋나서, 잘못된 판단으로 안 될 수도 있습니다. 실패의 원인은 100가지가 넘지만, 성공의 이유는 1가지 뿐입니다. 기억되지 않는 실패도 많습니다. 그래도 성공하려면 앞으로 나아가야 합니다. 원하는 것이 있으면 행동하고 시작해야 합니다. 생산자(Producer) 입장으로 시작 하십시오. 아무것도 하지 않으면, 아무 일도 일어나지 않습니다. 시작은 성공이나 실패보다 더 중요 합니다. 시작하지 않으면 무 입니다. 시작하지 않는다는 것은 유한한 시간, 다시 오지 않을 시간을 그냥 의미 없이 소모해 보내는 것입니다. 유한한 자원인 시간을 낭비하면 안 됩니다. 짧고 깊게 생각하고 시작 하십시오. 그리고 성공을 위해 전략과 전술을 재 수정 하고, 정면이 아니면 우회 해서라도, 전력을 다해 승부하고 성공 하십시오.

공대생이 생각하는 성공의 기준은 사회적으로 가치 있는 일에 참여해서 기여하고, 이를 통해서 경제적 부를 얻고, 자존감도 높이는 것입니다. 모두 성취하기 바랍니다.

9. 한국과 미국의 경제성장률 비교

표 각국의 GDP(국내총생산) 성장률(출처: 한국은행)

(2023년은 예상치)

%	1991	2016	2017	2018	2019	2023
한국	10.4	2.9	3.2	2.9	2.2	1.4
미국	-	1.7	2.3	2.9	2.3	2.5
일본	-	0.8	1.7	0.6	-0.2	2.0
독일	-	2.2	2.7	1.1	1.1	-0.2
영국	-	2.3	2.1	1.7	1.7	-
중국	-	6.9	7.0	6.8	6.0	5.1

한국의 GDP(국내총생산: Gross Domestic Product) 성장률은 1991년에는 10%가 넘었습니다. 2020년부터 2022년까지는 코로나19로 이상 상황이니 제외 합니다. 한국의 GDP 성장률은 1991년에는 10.4%, 2023년에는 2%를 하회하고 있습니다. 미국은 2016년 1.7%로 한국의 2.9%보다 낮습니다. 한국은 3%가 무너졌다고 방송에서 한참 이야기 했습니다. 그렇지만 2019년 미국은 2.3%로 한국의 2.2%보다 0.1% 높습니다. 0.1%가 별것 아닌 것으로 생각할 수 있지만, 다른 쪽으로 생각하면 이 차이가 더 벌어지는 것이 아닌지 걱정 됩니다. 2023년 OECD(경제협력개발기구) 회원국의 GDP 예상치 비교에서 미국은 2.5%, 한국은 1.4% 성장 입니다. 차이가 더 커지고 있습니다. 2024년 대한민국의 잠재 성장률에서도 미국의 1.9%보다 낮은 1.7%를 예측하고 있어서 우려가 큽니다. 잠재 성장률은 노동과 자본, 그리고 생산성의 모든 요소를 총 투입한 종합 예상 값 입니다. 아직은 코로나19의 영향과 세계 블럭화 영향으로 편차가 있고, 예상 값이어서 정해진 경향으로 보기는 힘들지만, 시사하는 바는 큽니다. 일본도 2023년 GDP가 2.0%로 우리보다 성장률이 높습니다.

한국의 GDP(국내총생산) 성장률이 10% 정도였던 90년대에는 모두가 취업 걱정을 별로 안 했습니다. 즉, 졸업만 하면 갈 곳이 매우 많아서 갈 것인가 안 갈 것인가가 문제지, 취업이 되고 안 되고는 문제가 아니었습니다. 그런데 2020년 이후는 GDP 성장률이 2% 내외로 갈 회사가 없어서, 취업이 안 되어 사회 문제가 발생 합니다. 1인당 국민소득도 3만$에서 정체 되고 있습니다. 취업이 안 되니, 소득이 줄고, 결국 소비를 줄이게 됩니다. 다시 GDP 성장률이 떨어지는 악순환이 반복 되고 있습니다. GDP 성장률 저하의 영향은 출생아 감소에도 지대한 영향을 줍니다. 소득이 줄어 생존이 위협받는데, 번식을 생각할 수가 없습니다. 동식물 진화를 잘 나타내는 생존과 번식에 있어서, 소득 감소는 생존을 위협 합니다. 그래서 번식을 포기하게 합니다. 즉 결혼을 안 하거나 미룹니다. 그래서 한국은 세계 최저 출산율을 기록하고 있고, GDP 성장률 저하, 즉 소득 감소가 원인 입니다. 20대는 열정적 사랑을, 웃고 울며 고민하는 사랑을 하는 것이 정상 입니다. 사랑하기 힘든 20대는 너무 외롭고 힘듭니다. 생존을 위한 작은 돌연변이가 오늘의 20대를 표현해서, 이것이 굳어지고 진화하는 세상은 생각하기도 싫습니다.

선진국이 되면 GDP(국내총생산) 성장률이 미국, 일본, 프랑스, 독일처럼 성장률이 떨어지는 것이 당연한 것으로 생각 했습니다. 중간적인 기술 제품들은 후발 개도국에서 비교 우위가 있고, 고부가 가치 산업에 한정되니 GDP 성장률이 낮은 것을 당연한 것으로 생각 했습니다. 그런데 미국은 GDP 성장률이 점점 증가해서 한국을 추월하고 있습니다.

왜 그럴까?

미국과 한국은 2015년까지는 세계가 글로벌화 되면서 전형적인 선진국형, 즉 GDP(국내총생산) 성장률 둔화를 겪었습니다. 그런데 미국은 점차 GDP 성장률도 다시 증가하고 실업률도 매우 낮습니다. 미국은 4차 산업혁명에 의한 산업 구조 탈바꿈에 성공 했습니다. 애플, 구글, 마이크로소프트, 테슬라, 엔비디아 등의 IT(Information Technology) 기업이 극적으로, 그리고 다수의 .com 벤처 기업이 무수히 생겼습니다. 이들은 제조업과 연계 되어 있다고 해도, 모두 S/W(Software)기반의 4차 산업혁명 시대에 필요한 기업들 입니다. 창의성을 기본으로 기업 혁신이 일어나고 있습니다.

이에 반해 한국은 기존의 제조업 기반의 산업 구조에 머물고 있습니다. 기업 혁신이 부족해서 4차 산업혁명으로의 변화가 크지 않습니다. 제조업 분야도 고부가 가치 제품은 기술력이 모자라고, 저 부가 가치는 중국과 동남아에 밀린 것이 성장률 둔화의 원인이라 생각 됩니다. 일본, 영국, 프랑스, 독일 등도 아직 IT 혁신, 4차 산업혁명 확산이 덜 되어 전형적인 GDP(국내총생산) 성장률이 연도별로 감소하는 것으로 생각 됩니다. 아직은 조금 더 추이를 보아야 하지만, 이 예측이 안 맞았으면 합니다. 맞으면 우리의 GDP 성장률 하락을 반전시킬 새로운 전기를 찾아야 합니다.

국회 예산정책처에 따르면 2023년 한국의 시간당 노동생산성은 49.4$로 OECD(경제협력개발기구) 38개국 중 33위 입니다. OECD 평균은 64.7$입니다. 1위 아일랜드는 155.5$이고, 독일 88.0$, 미국 87.6$, 핀란드 80.3$, 일본 53.2$보다 대한민국이 낮습니다. 우리보다 노동 생산성이 낮은 나라는 그리스, 칠레, 멕시코, 콜롬비아 뿐입니다. 노동 생산성은 1인이 일정 기간 산출하는 생산량 혹은 부가가치로, 경제 전반의 성장 가능성을 나타내는 핵심 지표 입니다. 경제 전반의 성장 가능성은 노동과 자본의 투입량과 질, 기술 수준, 사회 제도와 국민의식 등에 의해서 결정 됩니다. 20세기 후반기 한국은 자본 투입이 한국 성장의 기반 이었지만, 21세기 들어 노동과 자본 투입이 하락 하고, 생산성 기여도도 하락 하고 있는 것이 한국의 저 성장 원인 입니다. 2030년도 후반부터는 노동 투입과 자본 투자 기여도는 더욱 감소할 것으로 예측 되어, 향후 한국의 경제 성장율은 노동 생산성이 결정하지만, 만만치는 않습니다.

경제 성장율은 노동, 자본, 생산성을 종합한 것입니다. 경제가 성장하려면 일을 더하거나, 자본을 더 투입하면 됩니다. 그러나 한국은 저 출산과 고령화, 그리고 MZ 세대의 가치관 변화로 노동 투입에 한계가 있고, 성장률 저하로 자본 투입도 어려워지고 있습니다. 생산성이 낮아서 이를 선진국 수준으로 올리는 것이 한 방법일 수 있습니다. 생산성 향상에도 자본이 필요하지만, 한국은 전통적 자동차, 반도체, 조선, 그리고 석유화학에서부터 새로운 배터리, 원자력, 바이오, 방위 산업 등에 있어서 선진국도 못 갖춘 다양한 산업군을 가지고 있습니다. 이들 분야의 생산성을 높여서 GDP(국내총생산)를 높일 수 있습니다. 다행히 한국의 제조업 생산성 증가율은 OECD(경제협력개발기구) 국가 중 선두 입니다.

또한 노동 투입을 유지하기 위해 저 출산에 대한 인식 전환과 함께 외국 노동자의 적극적 수용이 필요 합니다. 자본 유입을 위해서는 규제 개혁으로 투자를 촉진하고 구조 조정이 일어나게 해야 합니다. 한국은 세계 2위의 제조업 국가 입니다. 우리의 근간은 제조업이기에 구조 개혁과 함께 잘하는 것은 더욱 밀어주고, 신성장 산업도 발굴해야 합니다. H/W(Hardware) 형태의 제조업도 중요하지만, 4차 산업혁명 시대에 더욱 중요한 것이 S/W(Software) 전문 산업 인력 입니다. S/W 인력 육성과 제조업과 S/W 산업의 연계와 인력이 필요 합니다. 일본 법무성에 따르면 2022년 일본의 외국인 취업자 중 전문 인력 비중은 26.3%이지만, 한국은 6.0%로 1/4이 되지 않고 있습니다. 한국은 단순 노동 중심이지만, 일본은 우수 인재 유치에 힘쓴 결과 입니다. 저성장 극복에 지혜를 모아야 합니다.

한국도 생각을 바꾸어야 합니다. 대한민국의 GDP(국내총생산) 성장률 저하가 선진국으로 가는 자연스러운 현상이 아닙니다. 4차 산업혁명에 따른 준비 부족이 그 원인이라는 것을 직시해야 합니다. 그리고 이에 대한 대응을 세워야 합니다. 선진국으로 가는 길이기에 GDP 성장률은 떨어지는 것이 아니라, 국가가, 기업이, 국민이 대처하기 나름이라는 인식을 가져야 합니다. 저 출산 대책과 자본 투입, 그리고 우수 인력 유치와 생산성 향상이 경제 성장율을 견인할 것입니다. 한국의 미래는 한국인이 결정해야 합니다.

10. 나는 지도(Map)가 있는가?

　　1402년에 조선은 혼일강리역대국도 세계지도를 제작 합니다. 1392년에 조선이 건국되었으니, 건국의 이념을 알리는 목적도 있을 것입니다. 혼일강리역대국도 지도에는 남북 아메리카 대륙은 없지만, 중국 지도와 2000년 전의 그리스인 프톨레마이오스 (AD90~AD168)의 지도 혹은 아랍의 지도를 참조해서 그린, 유라시아 대륙과 아프리카 대륙이 포함된 조선 최초의 세계지도 입니다. 혼일강리역대국도 지도와 유사한 시기, 1375년의 스페인 카탈루냐에서 그려진 중세 유럽의 지도가 있고, 이것도 세계

지도 입니다. 카탈루냐 지도는 동쪽과 서쪽을 표기한 지도로 서쪽의 유럽과 동쪽의 중국까지 그려져 있지만, 아프리카 대륙 남단은 없습니다. 조선의 세계지도는 아프리카 대륙을 포함하기에 당시로서는 경이로운 것입니다. 2600년 전 점토판에 새겨진 바빌로니아 지도를 인류 최초의 지도로 봅니다. (연도가 표기된 것들은 2012년 2~3월에 방영된 KBS 다큐멘터리의 지도 편에서 인용한 것입니다.)

  지도 제작 목적은 다양 합니다. 정치적 이념이 있을 수도 있고, 개발 정보를 위한 기본으로 삼을 수도 있고, 경제적인 무역 활동을 목적으로 할 수도 있고, 정복을 위한 군사 지도의 목적 등 다양 합니다. 한가지 분명한 것은 고대부터 내가 살고 있는 곳을 넘어서, 이웃과 타국과 세계를 알고 싶었습니다. 그것이 지도 입니다. 공간을 이해하고 표시하는 것에서 정보를 얻고, 갈 방향을 정하고, 목적과 목표를 명확히 하기 위해서 지도가 필요 했던 것입니다. 아니 생존을 위해 지도가 필요 했습니다. 1만4천년 전의 구석기인들도 사냥감과 강과 같은 주변의 환경을 표시하기 위해 지도를 돌에 그렸습니다.

  옛날부터 개척하고 싶었던 길은 바닷길 입니다. 배를 통한 바다의 항해는 육로를 통한 것보다 물류의 양을 크게 늘리고, 기간을 단축할 수 있습니다. 바다 항해는 쉽지 않습니다. 거친 파도만이 문제가 아니고, 나의 위치를 아는 것이, 방향을 아는 것이 쉽지 않습니다. 임진왜란에서 조선을 구한 이순신 장군도 일본군을 상대로 섬과 섬 사이의 연근해 전투를 했지, 대양 전투를 하지는 않았습니다. 대양에 나갈 대형 선박도, 대양에서 정확한 위치를 확정할 수 없었기 때문 입니다.

서양과 동양의 세계를 보는 차이가 지도와 문명에 반영 됩니다. 그리스인은 바다를 바탕으로 해양 문명을 발전시켰지만, 동양인은 해양보다는 국경이 기본이었기에 문명의 차이가 발생합니다. 서양인은 상상의 점과 선과 면, 그리고 도형 같은 기하학을 2000년 전부터 생각했지만, 동양인은 현실적이고 보이는 것을 기본으로 하는 산수, 발전해서 대수를 기본으로 했기에 생각의 힘과 차원이 달랐습니다. 모든 길은 로마로 통한다는 말이 있습니다. 이것이 로마인의 세계관 이었습니다. 로마인은 육로만이 아니고, 해양 길도 개척 합니다. 이슬람 문명의 위협을 극복하고자 바다 길을 개척한 서양인은 인도를 지나 동아시아까지 도달 합니다. 원시 시대를 나타내는 기능의 시대와 중국으로 대표되는 기술의 시대가 있었습니다. 원리를 발견하고 이해해서 새로운 것을 창조하는 과학의 시대인 18세기 이후에 동양은 서양에 밀리게 됩니다. 1492년 콜롬버스는 지구가 둥글다는 믿음으로 프톨레마이오스(AD90~AD168)의 세계 지도를 기본으로 대양 항해를 시작해서, 아메리카 대륙을 발견 합니다. 1507년의 발트제뮐러(Martin Waldseemuller) 지도에 처음으로 아메리카 이름이 기록 됩니다. 여기에 아메리고 베스프치와 프톨레마이오스가 있습니다. 서양은 중세 종교 시대로 과학의 암흑기였지만, 중국은 정화(1371~ 1433) 함대가 7차례 해양 원정을 떠났습니다. 그러나 정화 원정 이후 중국은 해양을 무시하고 새로운 세상을 외면 합니다. 문명의 발생은 시대와 역사를 연결하고 반영 합니다. 과학의 시대인 18세기 이후의 동양의 열세는 과학을 등한시 했기에, 개척자 정신과 새로운 문명을 향한 의지와 꿈이 작았기에 나타난 결과 입니다.

대양 항해의 시작은 내가 있는 위치를 알고, 방향을 아는 것 입니다. 네덜란드는 포르투갈의 동방 항로에 대한 정보를 습득하고, 동방 항로를 열 수 있었습니다. 후발 주자인 영국은 인도의 면직물을 얻기 위해 정확한 지도를 제작 했습니다. 영국은 그리니치(Greenwich) 천문대를 기점으로 시간에 기반한 경도를 계산해서, 위도와 경도로 선박 항해에 필요한 위치 문제를 해결해서, 해양 제국이 되었습니다. 위치를 정확히 알기 위해서는 관계가 없을 것 같은 시간을 정확히 알아야 합니다.

　지도를 가진 것으로 만족해서는 안 됩니다. 지도를 사용할 줄 알아야 합니다. 지도를 사용하기 위해서 알아야 할 것이 좌표(Co-ordinates) 입니다. 좌표계는 공간과 시간 안에서 점의 위치를 표시하는 유용한 방법 입니다. 가장 많이 쓰이는 좌표계는 프랑스 철학자이며 수학자인 르네 데카르트(1596~1650)가 고안한 수직한 축으로 이루어진 직교(수직) 좌표계가 널리 사용되고 있습니다. 지구로 환산하면 지구 중심이 원점(0, 0, 0)이 되고, 적도(Equator) 평면은 x축과 y축으로 이루어진 평면이고, z축은 북극(Arctic)이 됩니다. 그런데 북극(Arctic)과 적도(Equator)를 지나는 영국의 그리니치 천문대를 경도 0(Zero)로 정하면, x축과 z축의 평면이 고정되고 결정되어, 지구의 x축, y축, z축이 정의됩니다. 이를 기반으로 지구의 어느 곳이던 위치 표시가 가능한 지구중심지구고정좌표계(Earth Centered Earth Fixed Coordinate System)인 지구의 절대좌표가 성립 됩니다. 이에 더해서 지구는 완전 구형(Circle)이 아니고 타원(Ellipse)이므로 보정해야 되는 문제가 있고, 이렇게 보정되고 지구 위성과 결합된 것이 여러분이 많이 사용하는 자동차 네비게이터

(Navigator)의 GPS(Global Positioning System)가 됩니다. 좌표는 위치가 변하지 않는 절대좌표(Absolute Coordinator)도 있지만, 상대좌표(Relative Coordinator)도 많이 사용 됩니다. 상대좌표는 지구 중심이 아닌 임의의 점을 원점(0, 0, 0) 기준으로 새로 정하고, 이것에 대해 위치와 방향을 결정하는 것입니다. CAD(Computer Aided Design)와 같이 전문 사용자가 주로 사용하고, 상대적이기에 편리하지만, 사용하는 시스템을 떠나면 사용이 어려운 점이 있을 수 있습니다.

철학에서 절대좌표(Absolute Coordinator)는 임마뉴엘 칸트(1724~1804)의 의무론, 상대좌표(Relative Coordinator)는 제레미 벤담(1748~1832)의 공리주의로 이야기 할 수 있습니다. 남의 것 훔치지 마라, 살인하지 말라 등의 결과와 무관한 반드시 지켜야 할 것을 의무론이라 하며, 절대 다수의 최대 행복(The greatest happiness of the greatest numbers)을 추구하기에 결과에 좌우되는 것이 공리주의 입니다.

이제 우리의 위치는 지구에 한정 되지 않습니다. 지구 궤도의 인공위성, 태양계 및 행성, 그리고 우주에도 지도와 좌표가 필요 합니다. 지구의 경도와 위도의 연장선 혹은 천문단위(AU)의

표준(거리) 단위로 천체 좌표를 사용해서, 행성의 위치를 표시합니다. 행성의 위치를 결정하는 매개 변수는 많습니다. 그러나 우리는 정확히 계산할 수 있기에 천체 지리를 알 수 있고, 우주 탐험을 시도하고 있습니다. 보이저 1호와 2호는 태양계를 벗어나, 새로운 별이 있는 우주로 나가고 있습니다. 2022년 12월에 달로 떠난 대한민국의 다누리호는 우주 인터넷 기술 검증과 달 지도 제작 등에 기여하고 있습니다.

　기술은 날로 발전하지만 나만의 지도(Map)와 좌표(Coordinator)를 가졌는지는 반문해 보시기 바랍니다. 한국은 국토가 작고, 인구 밀도가 높아서, 신분제 속에서 절대 군주의 지배를 받아서, 현대 기술에 무한히 노출되어서 나만의 지도와 좌표가 아닌, 우리의 지도와 좌표로 사는 경향이 큽니다. 남의 시선과 의견에 지배되는 상대좌표(Relative Coordinator) 입니다. 이제는 나의 소신과 의견을 기반으로 나의 위치와 나의 방향을 스스로 정하고, 나가는 시대이기에 나만의 절대좌표(Absolute Coordinator)를 가져야 합니다. 타인과 사회에 대해 신뢰성을 갖지 못하고, 나의 위치와 방향을 스스로 정하는 자율성이 부족합니다. 그래서 몰려다니고, 문제가 생겨도 내 탓보다는 남의 탓이라고 합니다. 추종했던 안 했던 내 선택과 결정이 결과이고, 노력이 결과이기에 궁극적으로 책임도 내 몫 입니다. 책임은 절대좌표(Absolute Coordinator) 입니다. 그래서 스스로의 위치와 방향 설정에 주체적으로 선택하고 결정해야, 책임 지는 경우에도 덜 억울 합니다. 나의 지도와 나만의 절대좌표가 필요 합니다.

나의 위치는 어디이고, 나의 방향은 어디를 향하고 있는가?
나의 꿈과 목표는 무엇을 추구하고 있는가?

끝없이 자문하고, 수정하면서, 항해해야 하는 것이 삶이고 투쟁 입니다. 지도(Map)와 좌표(Coordinator)가 없는 인생은 어두운 밤길을 헤매는 방랑자이고, 일방적 위험에 노출된 사람 입니다.

11. Open system or Closed system

Open system or Closed system? 이것을 번역하면 열역학적 측면에서는 열린계 혹은 닫힌계, 경제적 측면에서는 자유주의 혹은 보호주의, 전기/전자공학적 측면에서 열린회로계 혹은 폐회로계 등 다양하게 해석되지만, 상대적 개념이라는 것은 바로 알 수 있습니다.

영국이 1차 산업혁명에 먼저 성공하였고, 후발 주자인 유럽 대륙의 독일 오스트리아 등은 보호주의로 자국 산업을 육성하고자 하였습니다. 보호주의로 산업 육성은 어느 정도 달성 했지만, 소비 시장 확보에 밀린 보호주의 국가들과 영국을 위시한 자유주의(자본주의) 국가가 맞붙은 것이 제1차 세계대전이고, 제2차 세계대전 입니다.

조선말 흥선 대원군의 쇄국 정책이 가져온 조선 멸망은 세계의 흐름을 무시한, 준비 없는 폐쇄 국가의 끝과 운명을 여실히 증명하고 있습니다.

미국 우선이기는 하지만 동맹을 중요시하는 미국은 Open system, 북한, 중국, 러시아, 이란 간의 연합을 통한 대응은 Closed system의 한 단면으로 보아도 무리가 없을 것입니다.

Open system과 Closed system의 충돌은 다양한 형태로, 수도 없이 많았고, 지금도 계속 중 입니다. 대부분은 Open system의 승리로 끝납니다. 그렇지만 지배자 및 관리자의 입장에서 Closed system을 더 선호해서, 혁신과 이윤 사이, 즉 Open system과 Closed system의 치열한 전쟁과 경쟁이 계속됩니다.

1974년 Altair 8800이 출시되고, 이것을 PC(Personal Computer)라고 했습니다. 1980년대는 PC가 대중에게 등장한 시기 였습니다. 1981년은 Closed system의 독자적인 아키텍처(Architecture: 기반 기술)를 가진 Apple II+가 개인용 PC 시장을 석권하고 있었습니다. 당시 IBM은 기업용 혹은 사무용의 대형 서버만 만들었습니다. IBM은 성장하고 있는 개인용 및 가정용 PC 시장에 진입하기를 원했습니다. 그래서 CPU(Central Processing Unit: 중앙 처리 장치), 메모리 등의 하드웨어와 OS(Operating System)를 시장의 기성품을 사용할 수 있게 하고, 다른 회사에서 주변 기기나 호환 기종을 만들 수 있는 Open system 정책을 실시 했습니다. 1981년 8월 IBM에서 IBM PC model 5150이 출시되며 PC라는 용어가 널리 사용됩니다. 이로써 개인용 PC 시장이 열립니다. 오늘날에도 IBM 계열의 호환 PC가 주종으로 자리 잡게 한 정책이 IBM의 Open system 정책 이었습니다.

IBM은 하드웨어의 개방 정책 뿐만 아니라 운영 체계에서도 외부 업체인 빌 게이츠가 창업한 Microsoft의 MS-DOS를 사용하는 것을 허용 합니다. 그래서 오늘날 Microsoft는 Window 시스템까지 발전하게 되었습니다. 이러한 개방성과 범용성으로 시장에서의 지위가 CPU의 Intel로, 운영 체계의 Microsoft로 넘어 갔습니다. IBM은 시장 지위를 되찾고자 1987년 신형 PC인 PS/2에서는 자체 OS/2를 사용하는 Closed system을 채택 하였습니다. 그러나 시장은 개방성과 범용성에 익숙해진 상태 였습니다. IBM의 Closed system은 실패하고, 2005년 중국의 레노버에게 PC 사업부를 매각하고 IBM은 철수 합니다. 20세기 PC 시대 최고 강자였던 Intel도 CPU 시장에 안주해서, Apple의 아이폰용 칩 개발을 거부하고, Closed system을 채택 합니다. 2023년 12월 Apple과 Intel의 시가 총액은 26,000억\$와 1,950억\$ 정도로 Intel은 Apple의 7% 정도 입니다. Intel에 거부당한 Apple은 반도체 설계 업체와 협업을 통해 아이폰, 맥북, 그리고 태블릿의 주요 칩도 자체 설계하여 반도체 설계 업체로서 지위를 공고히 합니다. Apple은 단순한 핸드폰 업체가 아닌, 핵심 반도체 설계 업체의 지위를 확고히 해서 Closed system을 완성하고 있습니다. 반도체 업계의 최상위 포식자는 삼성도 TSMC도 아닌, Apple 입니다. Intel도 미국과 유럽에서 부활을 시도 합니다.

Microsoft의 빌 게이츠는 Apple II에 S/W(Software) 운영 칩을 판매하고, 더 나아가서 IBM에도 판매하여 막대한 수익을 올렸습니다. 1984년 스티브 잡스는 Closed system의 Macintosh 컴퓨터를 출시 합니다. 그러나 Macintosh 컴퓨터는 시장의 외면을 받고, 결국 스티브 잡스는 Apple 사에서 쫓겨 납니다. 빌 게이츠는 IBM의 개방 정책에 힘입어 막대한 부를 축적 합니다.

스티브 잡스의 퇴출 후 12년 동안 실적 부진에 시달리던 Apple은 1997년 다시 잡스를 최고 경영자로 영입 합니다. Apple은 위기 상태였고, 이를 극복하기 위해서는 막대한 자금이 필요 했습니다. 이때 빌 게이츠가 1억5천만$를 Apple에 투자하여 아이맥, 아이팟, 아이폰 등의 혁신 제품을 출시하여 오늘에 이르고 있습니다.

Open system을 택할 것이냐, Closed system을 택할 것이냐의 기준은 무엇일까?

19세기 영국은 일찍 산업화에 성공하여 세계 시장을 선도했기에 개방형 시스템을 선호 했습니다. 그러나 독일, 오스트리아, 소련 등은 산업화가 늦었기에 보호주의를 채택하여 산업화에 필요한 시간을 벌었습니다. 이때의 기준은 산업화 선점과 시장 확대 정책이 개방화의 기준 이었습니다.

지금 미국 주도의 자유주의 동맹과 중국 및 러시아의 독재 혹은 공산주의의 동맹은 세계 패권주의와 기술 주도 여부에 따라 정책을 결정하고 있습니다. 중국은 Open system을 열심히 주창하지만, 자국은 Closed system으로 해 놓고 외부에만 Open system을 강조하는 형태 입니다. 미국도 결국 자유 민주주의 국가 간 Open system을 추구하지만, 작은 시야로 보면 결국은 자국의 Closed system 입니다. 한국은 약소 국가이고, 무역으로 살기에 Open system을 추구하지만, 우리의 힘으로 이를 관철하기 어려워 미국 주도의 자유주의 Open system에 가담할 수 밖에 없습니다. 즉 힘 있는 자들이나 국가는 Closed system을 원합니다.

경쟁은 혁신을 낳지만, 독점은 이윤을 낳습니다.

일반인은 혁신을 원하지만, 혁신 기업체도 결국은 이윤을 추구하는 독점을 원하게 됩니다. 이에 대응하여 다시 새로운 혁신이 올 때까지 독점 기업이나 강대국은 혁신을 저해하기에, 새로운 기술혁명이 올 때까지 정체가 있습니다. 그래서 기술이 정체

되었다가 혁신적으로 진일보하는 형태가 반복되는 것입니다.

Apple은 눈에 보이는 Closed system을, 성(Castle)을 구축한 대표적 기업 입니다. IBM의 Open system에 맞서서 파산 직전까지 갔으나, 지속적인 혁신과 Closed system(폐쇄 정책)으로 오늘날의 Apple 생태계를 구축 합니다. 2024년 Apple의 Closed system의 한계가 지적 됩니다. 매출 1위도 공고하지 않고, AI 폰은 삼성에 밀리고, 앱 마켓의 규제, 미국 내 애플워치 판매가 중단 되는 등 수익성, 부품 공급망, 그리고 개발 환경 측면에서 Closed system의 위험을 경고하고 있습니다. 외부와의 협업으로 환경 변화 대응에 용이한 구글의 Open system에 비해서 Apple의 Closed system은 외부 변화에 취약하다는 한계가 지적되고 있습니다. 세상은 도전과 응전입니다. 응전에 실패하면 세상에서 도태 됩니다. 삼성과 구글로 대표 되는 안드로이드 진영은 도전했고, 이제는 애플 차례입니다.

2023년도 보스턴컨설팅그룹(BCG)이 발표한 세계 50대 혁신기업 순위는 Apple, 테슬라, 아마존, 알파벳, Microsoft, 모더나, 삼성전자, 화웨이, 그리고 BYD 순서 입니다. 모더나를 제외한 대부분이 IT(Information Technology) 기업들 입니다. 한국은 삼성 뿐입니다. 이들은 종래의 단일 업종의 단순 IT 기업이 아닙니다. Apple은 Logics, LastPass, ApplePay 등의 자회사와 Bitmix, Ahnalogue, Framebridge 등의 협력사를 가지고 있습니다. 이들은 과거의 단순한 Closed system을 추구한 국가나 기업이 망하고 사라진 것을, 역사를 통해 알고 있습니다.

즉 오늘의 IT 기업은 내부적으로는 끝없는 혁신인 Open system을 추구하지만, 외부적으로는 Closed system을 유지하고 있습니다. 과거나 지금이나 내부적으로는 혁신과 경쟁이 가능한 Open system을 요구하고, 외부적으로는 이윤 추구를 위한 Closed system을 추구하는 본질은 변하지 않고 있습니다. 강자들은 과정도 중시하지만, 결과를 더 중시해서 Closed system을 선호 합니다. 외부에서 이윤을 얻고, 내부에서 혁신을 추구하는 시스템을 강자들은 추구하고 있습니다.

즉, 강자만이 Closed system과 Open system을 자체적으로 자유롭게 결정하는 것입니다. 자기 결정권을 갖고, 스스로 행하는 자와 나라만이 강자이고, 강국이고, 제국입니다. 이제는 국가로서의 제국은 사라졌지만, 기업으로서 Open system과 Closed system을 자유롭게 결정하고 실행할 수 있는 회사가 제국이 되고 있습니다. Google 제국, Apple 제국이 전혀 낯선 용어가 아닙니다.

예외가 하나 있습니다. 전기/전자 회로에서는 Closed circuit system이 회로에 전원이 입력된 상태로, 이때 기기가 정상 작동 합니다. Open circuit system은 회로에 전원이 차단된 상태로 기기가 작동하지 않습니다. 전기/전자 회로에서 이것은 정해져 있고, 변하지 않는 규칙 입니다.

강자에게, 제국에게 규칙은 그들 만을 위한 것입니다. 언제나 그들의 필요에 따라 규칙이 바뀔 수 있습니다. 변경된 규칙을 강요할 수 있는 것이 그들의 규칙 입니다. 제국만이 할 수 있고, 그들이 제국 입니다. 제국이 아닌 우리가 생존하기 위한 깊은 고민과 지혜가 절실 합니다. Open system 혹은 Closed system 은 강대국만이 선택할 수 있는 규칙 입니다.

대한민국도 자율적으로, 자체적으로 System을 선택할 수 있고, 결정할 수 있는 강대국이 되었으면 합니다. 강대국이 되려면 순간 순간의 대응력도 필요하지만, 임기와 세대를 넘어서는 장기적 발전 목표와 꿈(Vision)이 있어야 합니다. 경계해야 할 것은 강자도 강대국도 아닌 대한민국이 강대국인 체 하는 것을 넘어서, 강대국이라고 착각하고 행동하는 것입니다. 대한민국은 아직 강대국이 아니기에 과시보다는 실리적 행동이 필요 합니다.

12. 공대생, 이과생, 문과생 차이는?

　　공대생과 이과생의 차이를 질문 합니다. 생각해 본 적 없는 사람도 있고, 사람마다 다르게 대답할 수도 있고, 같은 자연 계열이니 차이가 없다는 학생도 있습니다.

　　산업혁명 때인 18세기 말부터 1900년대 초를 우리는 발견의 시대, 발명의 시대라 이야기 합니다. 누가 발견하고, 무엇을 발명 했을까? 왜, 발견하고, 발명 했을까? 조상은, 우리는, 나는 무엇을 발견하고 발명 했을까?

우리는 모두가 정말로 노력해서, 압축 성장으로 세계 10위의 경제 성장을 이루었습니다. 자랑스러운 일 입니다. 대한민국 5천년 역사에서 지금처럼 부유하고, 배고픔을 모르고 사는 시대는, 지금이 처음 일 것입니다. 그러나 우리 정신은 수천 년을 가난하고 어렵게 살아서, 여전히 빈곤과 소유의 DNA 지배 하에 있습니다. 즉 몸과 정신 뼛속 깊이 가난과 빈곤을 기억하고 있습니다. 우리는 너무 오래 가난했고, 너무 오래 외세와 위정자에게 착취를 당했습니다. 한국인의 중요도 1위는 경제적 부라는 기사를 보았습니다. 미국인의 중요도 1위는 가족과 친구 관계 입니다. 한국인 1위인 경제적 부도 가족을 지키는 최고의 길이 경제적 안정이기에 선택한 것이지, 본인만을 위한 것이 아님을 우리는 압니다.

이과생은 모르는 것을 논리적으로 정확히 밝혀주면 됩니다. Isaac Newton이 사과나무에서 사과가 떨어지는 것을 보고 F = m x a(힘 = 질량 x 가속도)를 논리 정연하게 설명 합니다. 이과 대학생 역할은 이것이 기본 입니다. 공대생은 여기에 힘을 어떻게 가할 것이고, 이것을 어디에 사용해서 얼마를 벌 것인가 생각해야 합니다. 기차에 나무이든, 석탄이든, 전기이든 에너지를 가해서 힘을 얻습니다. 이 힘에 방향성과 크기를 부여해서 추진력을 얻습니다. 최종적으로 기차에 물건과 사람을 실어 이동시키며, 부가가치(Added Value)를 얻는 것입니다. 이것이 공대생입니다. 기차에 추진력만 주고, 화물과 사람을 태우지 않은 기차 디자인, 즉 발명품 기차는 공대생 작품이라고 할 수가 없습니다, 공대생 작품이면 안 됩니다. 부가가치 창출을 생각해야만 공대생 작품 입니다. 공대생은 세상에, 기술에, 사람에게 효율성과 편리함을 추구해서 부가가치, 즉 이윤을 얻는 사람 입니다. 이것이 이과생과 공대생의 차이 입니다.

　지금은 이과에도 실용과학, 응용과학이 생겨, 공학적 접근이 이루어지고 있습니다. 이들 실용적 과학을 산업과학 혹은 공학과학이라 합니다. 그냥 공학 입니다. 공학과 과학의 근본적인 차이는 이과생은 모르는 것을 논리적으로 서술하는 사람이고, 공대생은 이것을 기초로, 혹은 여기에 부가가치(Added Value)를 부여하는 사람 입니다. 선한 부가가치를 생각해서 추진하면 공학 입니다. 공학에서 선한 부가가치가 발생하지 않으면 할 필요가 없습니다.

　세상을 바꾼, 바꾸는 사람이 누구 일까? 기술자 입니다. 즉, 공대생 입니다.

한 나라의 국가 역사를 설명할 때는 왕조를 중심으로 서술 합니다. 그러나 세계사의 문명 흐름을 설명할 때는 기술로 이야기 합니다. 구석기, 신석기, 청동기, 철기, 농업 시대, 산업혁명 시대, 정보혁명 시대로 역사를 설명 합니다. 여기에 왕조가 낄 자리는 없습니다. 세계 문명을 바꾼 사람은 기술자 입니다. 엔지니어, 즉 공학자, 공대생이 세상을 바꾼 것입니다. 오늘의 세상은 위정자로 돌아가는 것이 아니고, 엔지니어의 힘으로 세상이 돌아가고 유지되는 것입니다.

세상은 공대생의 힘으로 돌아가고 유지되는데 대우는 별로 입니다. 공대생에게는 실력과 실리가 중요하고, 할 일도 많아서 굳이 흙탕물에 뛰어 들기를 꺼립니다. 또한 법을 만드는 사람의 선한 의지를 믿기 때문 입니다. 정치권과 기득권에게 선한 의지를 기대하는 것은 무리 입니다. 공대생들도 적극적으로 참여해서 정당한 대접을 받았으면 합니다. 법을 만드는 국회에 법과 관련된 검사, 판사, 변호사가 많습니다. 대한민국 20대 국회의원 임기(2016년 6월-2020년 5월) 중 법조인의 비율은 51명 입니다. 검사 17명(5.74%), 판사 13명, 변호사 21명 입니다. 일본의 검사 출신 비율은 0.42%이고 한국은 5.74% 입니다. 법조인 중 통계로 확인한 검사 비율만 한국이 13배 이상 높습니다. 대한민국 인구수 5,162만 명 중 법조인은 34,709명, 0.06%인데, 법조인 출신 국회의원은 17.4% 입니다.

삼권 분립이지만, 모든 권력자들의 종착지는 여의도 입니다. 그리고 행정부 입니다. 대한민국에서 삼권 분립의 명예와 품위를 찾기가 어렵습니다. 권력과 명예와 부를 동시에 갖고자 합니다. 압축 성장했고, 중앙 집권적 한국에서 더욱 도드라져 보입니다.

대한민국 대학생의 20% 정도가 공대생 입니다. 이과생까지 치면 더 높아 집니다. 2022년 국회의원 연맹(IPU)이 발표한 대한민국 여성 국회의원 비율은 17.1%로 세계 193개국 중 121위 입니다. 2030 유권자 수는 42.9%인데 국회의원 비율은 3.2% 입니다. 공대생을 별도로 집계 하지도 않지만 1% 내외로 추정 됩니다. 그러니, 항상 공대생을 고려한 법이 부족하다고 생각 합니다. 민주 국가에서 권리를 찾으려면 사회와 법에 호소하고 만들어 가야 합니다. 참여하지 않고, 지하에서 구시렁구시렁 하지만, 아무도 귀 기울이지 않습니다. 구시렁, 궁시렁(궁 싫어)은 왕이 궁에서 백성들이 어찌 사는지 보러 암행 나왔다가, 백성 사는 것이 너무 재미 있어서, 궁에 들어가기 싫어서 내는 소리를 수행원이 들은 것이라고 합니다. 농담입니다.

　정말로 문과생은 공대 기술을 너무 모릅니다. 모를 수 밖에 없습니다. 어렵습니다. 정말 공대 힘듭니다. 1학년 때부터 매주 시험으로 시작해서 시험으로 졸업한 것 같습니다. 공대생은 시험 속에 완성 되지, 풍월로 완성 되지 않습니다. 공부하고, 실전에서 실력을 배양해야 새로운 기술에 적응 합니다. 석사와 박사 과정은 문과나 자연계나 모두 힘이 듭니다. 석사나 박사 이후의 문과 출신들은 삶이 이들의 발자취가 되고, 삶의 발자취가 이들의 경력이 됩니다. 그러나 공대생은 이후도 공부를, 노력하지 않으면 실력의 저하를, 뒤쳐짐을 본인 스스로 압니다. 노력하지 않는 공대생은 아는 것은 많을지라도, 흘러간 기술, 과거의 기술자 입니다. 사용할 기술, 적용할 기술을 위해서는 경험과 함께 지속적인 기술과 정보의 학습, 그리고 노력이 필요 합니다. 공대생을 소중히 해야 하는 이유 입니다.

　<이상한 나라의 앨리스>는 열심히 달립니다. 경쟁자가 달리니, 달리지 않으면 추월 당해서 정체 내지는 퇴보하기 때문 입니다. 앨리스가 공대생 입니다. 기술은 자꾸 진화하고 발전하기에 따라가지 않으면, 새 기술을 익히고 개발하지 않으면, 경쟁

자, 경쟁 업체, 경쟁국에 따라 잡힙니다. 공대생은 달려야 합니다. 달려야 세상이 보이고, 재미 있습니다. 상대가 있기에 동기와 승부욕이 생기고, 나의 수준, 나의 속도를 가름 합니다. 홀로 달리는 것, 혼자 해 보는 것은 한 번은 할 수 있습니다. 그러나, 동기도 약하고, 재미도 없어서 지속되기도, 반복 해서 하기도 어렵습니다. 경쟁 속에서 승리하기 위해, 발전하기 위해 전략을 짜고, 수정 합니다. 자본과 인력을 투입해서 전력 질주하기에 몰입이 있고, 희열이 있고, 승리가 있습니다.

다만, 노력한 것, 공부하는 것에 비해 대우가 좋지 않습니다. 대한민국은 기술 국가이기에 공대생에 대한 대우가 향상 되어야 합니다. 그래야 우수한 공대생이 나오고, 이들이 신기술을 설계하고, 창조하고, 개발하는 선 순환이 가능 합니다. 20세기처럼 노동 집약적 산업은 우리 것이 아닙니다. 21세기와 22세기에는 신기술 집약 산업 사회, 가치 설계와 창조 혁신 사회로 나아가야 합니다. 공대생은 신기술로 무장한 설계와 창조, 그리고 혁신의 주역이기에 더욱 더 공대생을 귀하게 대우해야 합니다. 공대생을 인건비 수준으로 대우해서도, 그렇게 생각해서도 안 됩니다. 21세기와 22세기에 공대생은 설계하고, 창조하고, 혁신하는 선도자 입니다. 공대생은 시험 속에서 탄생했고, 노력과 몰입 속에서 발전 합니다. 그리고 결과를 창출 합니다.

공대생은 가치 설계와 가치 창조, 그리고 공학기술 혁신이 가능한 능력자이고, 이과생도 문과생도 가능한 특징적인 가역적(Reversible) 존재 입니다.

나라를 책임지는 것은 문과생이나 법조인 같지만, 이들은 실용적인 공학기술을 너무 모르기 때문에 고민만 하고, 헛발질만 합니다. 공학기술 혁명 시대에 생각하고, 설계해서 창조하고, 실행할 사람은 공대생 입니다. 기술과 문명, 그리고 국가의 오늘과 미래를 책임질 사람은 공대생 입니다. 그런데 공과대학 출신은 권력욕이나 명예욕보다 실용성과 실리를 중요하게 생각 합니다. 또 공대생은 사회가 발전할 것이고 옳은 방향으로 결정 될 것으로 생각 합니다. 또 공대생은 권력보다 실력이 우선이라고 생각하지만, 결정적인 순간은 법 앞에 무력 합니다. 참여를 안 해서, 참여를 안 시켜 준 결과 입니다. 2023년 12월 국가교육위원회는 비상임위원 17명 중 자연계열의 참여 인원은 단지 2명으로, 2028 대학입시제도 개편 시안을 의결 했습니다. 그래서 문과와 자연계를 통합하고, 문과 기준으로 대학수학능력 교과목을 결정해서 하향 평준화 했습니다. 한국교육 현실, 한국경제 비중, 그리고 세계 공학기술 조류를 무시한 처사 입니다. 문(글 혹은 펜)은 무(무력 혹은 칼)보다 강하다는 말이 있습니다. 공학기술이 펜보다 칼보다 강한 기술혁명 시대입니다. 그렇지만 대한민국에서는 불가능하고, 남의 나라 이야기입니다. 국가교육위원회 위원 및 위원장을 60대 이하로 하고, 20대부터 60대까지 균등하게 참여시키고, 국가 방향과 세계의 기술 조류에 일치하는 구성이 필요 합니다. 그래야 대한민국의 추구해야 할 방향과 세계 기술 조류를 반영 합니다. 지금처럼 70대 원로를 우대하는 국가교육위원회 구성으로는 1960년대 기술이 전무해서 문과만 성행하던 결정이 나올 뿐입니다. 공학기술 조류와 수준을 따라 잡아야 하는 대한민국에서, 공학기술 조류와 관계 없는 사람이 결정을 내리니, 잘못된 결정이 나오고, 그 여파가 너무 커서 되돌리기도 힘든 대한민국을 만들었습니다. 독일 철학자 한나 아렌트는 생각이 무능한자는, 행동에서도 무능을 낳아서, 무능한 자 악마가 되리라 했습니다. 무지의 죄를 성토 했습니다. 하향 평준화를 결정한 국가교육위원회의 위원들은 21세기 이완용 입니다.

   문과 사정 어렵습니다. 자연계 사정 녹녹치 않습니다. 거기에 ChatGPT 등장으로 그 동안 창작 분야인 시, 소설, 디자인, 그림, 음악 등은 예술 혹은 문과 분야라 생각 했는데, 이것도 ChatGPT 기술이 다 합니다. 이러한 추세는 반갑지 않지만, 시대 흐름이고, 세계 공학기술 조류이기에 받아들여야 합니다. 세상은 디지털로 바뀌었고, 바뀌고 있습니다. 이것을 받아들이고 그 돌파구를 찾아야 합니다. 수학에 그 답이 있습니다. 문과와 이과가 통합된 수학능력 시험을 치른다는 것은 문과이든지 자연계열이든지 분과에 의미 없이, 세계 경쟁에 나간다는 의미 입니다. 세계와 경쟁하려면 그들보다 더 배우고, 더 알고, 경험해야 합니다. 그런데 우리는 하향 평준화해서 덜 배우고, 덜 알고, 덜 경험해서 세계에 나가려 합니다. 필패(Must-have Defeat) 입니다. 국가교육위원회의 위원들은 문과를 살리려고 하향 평준화 했지만, 세계 공학기술 경쟁에서 실력이 없어서, 세계 속에서 대한민국은 하류 국가가 될 것입니다. 대한민국이 세계 공학기술 경쟁에서 살아남고 성장하려면 상향 평준화 해야 합니다. 높은 수준의 수학과 물리, 그리고 화학에 그 답이 있습니다. 문과와 자연계, 그리고 대한민국을 모두 살리는 길은 정면 돌파가 답이고, 상향 평준화가 답 입니다.

13. 공과대학의 3대 학과는?

우리 학교는 공과대학의 학과가 많습니다. 전통적인 공과대학, 여기서 독립한 정보공과대학까지 모두 세면 21개 학과가 있습니다. 학과를 줄이려 해도 소위 영역 보존, 학과 지키기에 더해서 새로운 기술이 계속 요구되니, 학과가 증가 합니다.

10여년 전에 나노 시스템 공학과를 만들려고 본부에 안을 제출 했습니다. 학부생 정원 50명의 4년 200명, 1인당 한 학기 등록금 4백만원이면 16억원, 10명당 1명의 교수 5인 인건비 5

억원, 장학금 20%인 4억원, 행정 요원 2인의 인건비 1억원, 공간, 설비 유지, 보수, 사용료 등으로 3억원 정도가 드는 것으로 예산을 잡았습니다. 예상치로 넉넉히 잡아도 남습니다. 문제는 학부생 정원, 200명이 안 찬다는 것에 있습니다. 학령 입학 인구가 계속 줄어들어 미달 입니다. 또 편입 제도의 활성화로 재학생도 계속 줄어들고 있습니다. 여러 이유가 있겠지만, 그래서 본부에서 반려했을 것입니다.

현재의 대한민국 대학 입시 제도가 불만 입니다. 인생은 선택이고, 운이고, 노력 입니다. 그런데 현행 입시 제도는 점수에 맞추어 수시 경우에는 6군데를, 정시 경우에는 3군데를 지원 할 수 있고, 이 차례대로 채워지기에 말이 선택이지 운도 작용하지 않습니다. 고등학교를 충실히 다니면 좋은 대학 가고, 좋은 대학 가면 인생에 고민 없어도 그냥 그런 인생 살 수 있습니다. 그래서 재능과 지속적인 노력 밖에 작용하지 않는 인생 입니다. 이래서는 창의적인 생각을 가진 학생이 나올 수가 없습니다. 대학 선택을 1곳 1회로 한정해서, 대학도 학과도 본인 의지로 선택해서 결과도 책임져야 합니다. 수학능력 시험 고득점자가 1년을 다시 준비하는 것은 국가적 낭비라고 합니다. 모난 돌이 세상을 바꾸지, 순탄하게 고민 없이 인생을 산 사람이 세상을 바꾸지 못 합니다.

　대한민국의 교육 여건 개선을 고민 합니다. 그런데 경향을 보면 대한민국은 사교육비는 계속 증가하지만, 학생들의 실력은 하향 평준화하고 있습니다. 대표적인 교육 방향이 학생들을 고려한 수월성 교육 입니다. 과목도 줄이고 범위도 줄이니, 이제 몇 과목만 사교육으로 보강하면 상위권으로 갈 수 있다고 생각해서, 사교육이 계속 팽창 합니다. 자연계열 고등학생이지만, 물리와 화학, 심지어는 수학도 수준 높은 내용을 가르치지 않습니다. 그러니 외국에서도 더 이상 한국 학생을 받으려 하지 않습니다. 한국 학생의 수준이 이제는 그저 그렇고, 오히려 중국과 인도, 기타 아시아 학생이 더 우수하다는 것입니다. 가르치지도, 배우지도 않으면서 융합하라고 합니다. 배우고, 알고, 경험해야 융합 합니다. 몇 과목 배우지도 않고, 수준도 낮아서 융합해도 질 낮은 융합의 결과만 나옵니다. 세계적 선도자와 혁신가를 바라는 것은 사과 나무 묘목 심고서, 그해에 사과를 수확하기를 기다리는 것과 같습니다. 사과 묘목 심고, 사과 따기를 기다리는 것은 희망이라도 있지만, 대한민국은 사과 묘목 심고 쌀을 고대하고 있습니다. 아는 것이 없으니 융합과 창의성 질이 너무 낮습니다.

참여자와 선도자가 되는 길은 다르고, 다릅니다. 지금은 기술이 발전해서 조금만 노력하면 웬만한 분야는 참가비나 회비 내고 참여할 수 있습니다. 그러나 회비를 받으려면 질과 수준이 높아야 합니다.

공부는 어렵습니다. 어렵고, 재미 없고, 힘드니 공부 입니다. 산업혁명 이후는 힘 대신 정교한 손 놀림이, 그리고 이제는 지식정보가 중요해 졌고, 과거의 힘을 대변 했던 남성 대신 기계가 이를 대체하고 있습니다. 배운 것이 있고, 아는 것이 있어야 질 높은 경험이 가능하고, 여기서 생각의 깊이도 높이도 향상 됩니다. 수학을 알아야 기술 혁신과 기술혁명이 가능 합니다. 수학, 물리, 화학이 모든 학문의 기본이지만, 한국은 이를 외면하고 수월성 교육만 강조하니, 응용과학과 공학기술이 더 이상 발전할 수 없습니다. 아이작 뉴턴과 고트프리트 폰 라이프니츠의 미적분 없이는 IT(Information Technology)산업이, 전자산업이 발전할 수 없습니다. 벡터와 행렬의 배움과 이해 없이는 질 높은 코딩이 불가능 합니다. 그런데 코딩이 중요하다고 합니다. 질 높은 코딩, 남들이 돈 내고 사용하는 코딩은 수준 높은 배움과 경험이 중요 합니다. 수준 높은 배움과 경험이 없으면, 돈 버는 코딩이 아니라 돈 쓰는 코딩 밖에 할 수 없습니다.

대학 전공 학과 졸업을 위해 들어야 할 전공 이수 학점이 계속 감소해서, 대학 4학년 중 3학년 1학기가 지나면 전공 학점 안 들어도 졸업이 가능 합니다. 1학년 이수 학점 대부분은 교양 학점 입니다. 초중고에서 충분히 배웠으면 되는 교양을 왜 대학교에서 배우는지 이해가 안 됩니다. 문과를 살리기 위한 교양 과목 입니다. 문과 퇴보와 교양 학점 증가는 전공 학점 감소와 정비례 합니다. 등록금의 낭비이고, 인재와 자원과 시간의 낭비 입니다. 대학교는 전공을 기본으로 지식을 배우는 곳 입니다. 전공에 해당하는 시간이 1년 반 뿐입니다. 하향 평준화 입니다. 20세기에는 4학년 1학기까지는 열심히 전공 들어야 겨우 전공 학점을 채울 수 있었습니다. 대부분 4학년 2학기까지 전공 들었습니다. 공부는 쉽지 않습니다. 그래서 공부 입니다.

　호모 사피엔스 20만년에서 공부가 중요해진 것은 산업혁명 이후, 300년 밖에 되지 않습니다. 산업혁명 이전에는 부모와 조상이 하던 방식으로, 힘으로 대부분 해결 되었습니다. 20만년 대 300년, 그래서 공부가 싫고, 힘들고, 어려운 것입니다. 그래도 21세기를 살고, 22세기를 설계하려면 공부하고, 배우고, 경험 해야 합니다. 공부는 어렵습니다. 교육은 어려운 방향으로 가야 참 교육 입니다. 쉽고, 재미 있는 교육과 공부는 없습니다. 쉽고

, 재미 있으면 교육과 공부가 아니고, 취미 생활이고 오락 입니다. 대한민국은 교육과 공부를 취미와 오락으로 여기고, 학교를 배움의 장이 아닌 사교장이고 놀이터로 간주 합니다. 수월성 교육은 교육이 아니고 교육의 포퓰리즘 입니다.

역사에서 지식의 깊이를 기능의 시대, 기술의 시대, 그리고 과학의 시대로 구분 합니다. 기능의 시대에는 잘 나가는 앞선 자를 모방하고 따라 하면 되었습니다. 원시시대 입니다. 중국으로 대변되는 기술의 시대는 화약 기술, 나침반 기술 등의 원리는 몰라도 이것을 응용하면 선도자가 될 수 있었습니다. 이제는 가설을 세우고, 원리를 찾고, 증명하는 과학의 시대 입니다. 18세기와 19세기의 근대 동양은 기술의 시대에 멈추었기에, 서양의 과학의 힘에 밀린 것입니다.

기술과 사회는 지속적으로 성장하고 발전하고 있어서, 배울 것은 날로 증가 합니다. 더 어려운 것을 배우고 생각해야 하는 지능정보 시대 입니다. 우리는 Microsoft의 빌 게이츠, Apple의 스티브 잡스, 테슬라와 스페이스X의 일론 머스크, nVIDIA의 젠슨 황을 원하고 있지만, 교육 기반과 체계는 그 반대를 향하고 있습니다. 혁신가가 나올 수가 없는 토양을 만들고서 기대는 왜 하는지 모르겠습니다. 대한민국은 수월성 교육을 강조하고, 교육에서 수학, 물리, 화학을 퇴출하고 있습니다. 교육과 공부는 어려워야 최종적으로 웃을 수 있습니다. 지금 편하면 내일과 미래가 고통스럽습니다. 대한민국 교육이 과학의 시대를 넘어선 지능정보에 대응하고 설계하는 대신, 다시 중세의 기술 시대를 향하고 있습니다. 수월성 교육은 교육의 포퓰리즘이고, 교육의 황폐화이고, 하류 국가의 출발점 입니다.

2023년 12월 현재의 중학교 2학년이 치를 대학 수능 교과목 발표가 있었습니다. 자연계 교과목 없이 문과에 맞추도록 하겠다는 것입니다. 문과는 문과의 의미가 있고, 자연계는 자연계의 길이 있습니다. 그것의 실행이 교육의 차이이고, 교과목의 차이 입니다. 그런데 그것을 무시하고 문과와 자연계의 수능 교과목을 동일하게 결정 했습니다. 문과생의 소멸이고, 자연계의 하향 평준화이고, 대한민국을 하류 국가로 전락시키는 결정 입니다. 대한민국은 기술과 인력 뿐이라고 외치고서 저급한 인력만 배출하겠다는 강력한 교육 의지이고 체계 입니다. 21세기 과학과 정보 교육 대신 중세의 기술 교육을 향하는 하향 평준화이고, 대한민국의 희망과 미래 포기를 선언한 교육 의지이고 시스템 선택 입니다. 하향 평준화한 교육개혁은 실패 입니다. 5년 후를 경험하지 않아도 실패 입니다. 그냥 실패가 아니고, 대한민국의 교육 방향을 좌초 시키고, 경쟁력 없는 인재만 배출해서 대한민국을 하류국가로 만들 것입니다.

교육의 패착(Failure)에 대해서 생각해 보았습니다. 첫번째 패착은 대학 진학율을 높인 것입니다. 80년대의 10~20%였던 대학 진학율을 대학교의 무분별한 증설로 진학율을 높였습니다. 말이 80% 이지, 이제는 대학 수학능력 시험 안 보아도 의지만 있으면 대학교에 진학 할 수 있어서, 100% 대학 진학이 가능 합니다. 모두가 고등교육을 받으니, 중견 기술 인력이 대폭 줄었습니다. 이제는 저 출산과 함께 모든 분야에 인력이 없습니다. 두번째 패착은 2000년대 시작된 수월성 교육 입니다. 기술 혁신으로 배워야 할 것은 늘었는데, 수월성 교육이라는 미명 아래 교과목을 줄이고, 내용을 축소 합니다. 과목과 범위가 줄었으니 몇 과목만 사교육으로 보충하면 되리라는 환상에 사교육 팽창을 가속화 시킵니다. 세번째 패착은 수월성 교육도 모자라, 대학 수학능력 시험에서 자연계 교과목을 인정하지 않고, 문과에 맞추어 통합한 것입니다. 문과는 문과의 길이, 자연계는 자연계의 의미가 있습니다. 이것을 수월성 교육으로 방해하더니, 이제는 문과와 이과의 통합 수능으로 기술을 포기 합니다. 제조업 경쟁력이 추락하는 한국에서, 그나마 인력으로 기술로 버텼는데, 완전히 조선시대 하류 국가로, 중세의 기술 국가로 만들기로 작정한 대한민국 2023년 12월의 국가교육위원회의 수학능력 시험의 교과목 개편 내용 입니다. 사회 지도층과 교육을 책임진 사람의 생각이 이정도 수준이기에, 대한민국에 미래는 없습니다. 대한민국을 벗어나는 길이 답 입니다. 지난 10년간 대한민국은 떠난 이공계 석사와 박사 인력이 30만명 입니다. 매년 3만에서 4만명이 대한민국은 등지고 있습니다 포퓰리즘에 국가가 망한다는 것은 다시 되돌리기 어렵기 때문 입니다. 남북한이 대치 상태에 있고, 우리의 주적은 북한이라며 군 복무 기간을 대폭 줄였습니다. 교육은 100년 대계라면서 계속 하향 평준하 해서 이제는 더 내려 갈 곳도 없습니다. 이제는 하류 국가로 떨어지는 일만 남았습니다. 국가교육위원회의는 2028년 수학능력 시험의 수준을 문과에 맞추어 쉬운 교육과 하향 평준화를 선택 했습니다. 이과에 맞추는 상향 평준화를 해야 대한민국이 성장하고 세계와 경쟁 합니다. 1910년, 경술국치의 이완용을 떠올리지 않고는 하향 평준화를 이해 할 수가 없습니다. 학생 뒤에 숨어서, 편견으로, 자연계열 특성도 모르면서 행한 하향 평준화는 대한민국을 제2의 경술국치로 이끌 것입니다.

이완용은 자신의 안위와 부귀를 위해 당시 아시아 선진국이고, 산업기술 패권 국가인 일본에 기술 전무 국가인 조선을 팔았습니다. 이완용은 당시 기술에 따라 재편되는 세계 기술 조류를 생각했을 것이지만, 국가교육위원회는 세계 기술 전쟁의 감이라도 느끼고, 생각했는지 모르겠습니다.

문명의 꽃으로 활자 문화를 이야기 합니다. 글자의 발명과 종이를 이용한 활자 문명은 인쇄기의 탄생으로 기술 문명으로 넘어 왔습니다. 이를 인지하지 못한 국가교육위원회의 수학능력 교과목 심사 위원은 나라와 기술을 팽개친 사람들 입니다. 국가교육위원회 비상임이사 17명의 수학능력 교과목 결정 위원 중 단 2명만이 자연계열 이었습니다. 애초에 회의 자체가 의미가 없는 회의 였습니다. 그냥 문과 살리기 회의였지만, 이로써 문과는 종말을 고할 것입니다. 사람을 지배하는 원초적인 것은 경제 입니다. 문과보다 공과대학이 대한민국 경제의 기본이기 때문 입니다. 이완용처럼 직접적으로 나라를 넘겨야 매국노 입니까? 공학기술로 무역으로 먹고 사는 나라에서, 공학기술 발전을 막아서, 대한민국의 발전과 번영을 위한 교육을 하향 평준화 해서, 대한민국을 하류 국가로 만드는 국가교육위원회의 결정은 너무 안타깝습니다. 시와 소설이 문화를 이루던 시대는 산업혁명 이전 입니다. 산업혁명 이후는 지식과 공학기술이 문명을 창출하는 시대 입니다. 뛰어난 역사적 유물도, 감탄할 만한 풍경도 적어서 인력과 공학기술이 대한민국의 힘 입니다. 대한민국은 공학기술로 이루어진 무역 국가 입니다.

　국가교육위원회는 수학을 직접적으로 쓰는 분야가 한정적이라고 합니다. 수학은 문제 풀이에만 의미가 있는 것이 아니고, 논리의 시작과 끝이 수학 입니다. 논리적으로 생각하는 힘의 기본이 수학 입니다. 철학의 기본이라는 변증법도 3단논법도 다 수학에서 출발한 것입니다. 깊고 높게 배워야 생각도 크고 높이 올라갑니다. 인생은 어디로 흐를지 알 수 없어서, 배우고 알고 경험해야 새로운 분야에 도전할 수 있습니다. 배운 것이 없고, 아는 분야가 좁아서 새로운 분야에 도전 할 수 없습니다. 공학기술은 펜보다 칼보다 크고 강하게 문명을 창출하고 있습니다. 공학기술 기반의 세상은 날로 발전하고 정교해 지고 있습니다. 높은 수준의 수학, 물리, 화학, 그리고 생물의 다양한 이론과 응용 문제를 생각하고 해결하면서 문명은 탄생 합니다. 수준 높게 배우고, 알아야 수준 높은 생각이 나옵니다. 과학원(KAIST) 박사학위 졸업 요건 중에 우수 저널에 최소한 논문 한 편은 실어야 졸업이 가능 했습니다. 과학원(KAIST)에서 박사학위를 못 받고 수료로 졸업하는 학과 중 전산학과(혹은 컴퓨터학과) 비중이 높았습니다. 그만큼 새로운 논리로 새로운 프로그램을 짜고 만드는 것은 어려웠습니다. 이제는 배우지도 않는데, 아는 바가 없는데, 무엇으로 시도라도 합니까?

재학생 상담을 매 학기 2번 정도 합니다. 특별하지 않으면 형식적 입니다. 그중 마지막에 내가 하는 말이, 내 인생도 잘 모르겠는데, 내가 너 인생을 어떻게 알고, 이야기하겠냐고 합니다. 모두 웃습니다. 학생들이 제일 기억에 남는 말이라고 합니다. 수년 전 저녁에 1학년 학부모에게 전화가 왔습니다. 학과 학생과 싸워서 골절로 병원에 입원 했다고 합니다. 일방적 피해자인데 어떻게 했으면 좋을 것인가 하고 자문을 구했습니다. 무조건 자식 편들라고 했습니다. 자식이 원하면 고소도 고발도 하고, 자식이 원하는 것 해 주고, 절대적으로 자식 편들라고 했습니다. 학교 생각, 학과 생각하지 말고, 무조건 자식 입장에 서라고 했습니다. 부모가 자식 편 안 들고, 자식을 안 믿으면, 누가 그의 말을 들어줄 것이냐고, 무조건 자식 편들라 했습니다. 험한 세상, 치열한 대한민국에서 그나마 위안은 가족 입니다. 그 학생은 학교 잘 다니고 졸업 했습니다.

90년대 아는 분의 자녀가 고등학교 3학년인데, 어떤 학과를 가는 것이 좋을까? 하고 문의를 했습니다. 마음 속에 이미 정해서, 확인 겸 문의한 것이니, 특별하지만 않으면 호응만 해 주면 됩니다. 그래서 호응해 주고 그 학과에 갔습니다. 그래서 생각해 보았습니다.

공학기술 변화가 정말 빠릅니다. 내가 전자과 지원했다가 미끄러져서 들어간 세라믹 공학과에 계속 남은 이유가 있습니다. 현실적 순응과 함께, 미국 최초의 우주 왕복선 컬럼비아호가 있었는데, 지구 귀환할 때 수천 도의 고온을 견디어야 합니다. 이 때 필요한 핵심 공학기술이 단열 기술이고, 그 물질이 다공성 세라믹 이었습니다. 세라믹 공학과를 첨단 공학기술 학과로 인식해서 남은 것도 있습니다.

1991년에 소련이 망하고 러시아가 되었습니다. 대한민국은 1990년도에 소련과 수교 했습니다. 앞으로 러시아 시대가 된다고 러시아어를 공부하고, 전공한 사람이 있었습니다. 그런데 현재까지 그다지 효용성이 높지는 않습니다.

인생은 운 입니다. 경험상 운칠기삼(운이 7, 기술이 3)보다 운이 훨씬 더 인생은 좌우 합니다. 그냥 운 입니다. 북한이 아닌 대한민국에 태어난 것도, 부모 형제를 만난 것도 운입니다. 다만 운을 활성화 하는 것이 노력이고, 기회가 오면 잡을 능력을 높이는 것이 노력 입니다. 노력이 방향이고, 노력이 감 입니다. 노력은 시간이라는 자원의 효율성을 높입니다. 수준 높은 교육이 노력이고 방향입니다. 운이 용감한 자의 편이던 시대는 지났습니다. 이제 운은 노력한 자의 편 입니다. 노력이 학문적 성취만을 의미 하지 않습니다. 정신적, 육체적 간결함과 수련도 노력이 필요 합니다. 방향을 잘 잡고, 운이 도래하기를 기다리며 노력 합시다.

운이 안 오면, 이번 생은 망한 것일까? 그렇지 않습니다. 사람들 99%는 그냥 평범하게 삽니다. 세상일 90%는 그냥 주어진 것입니다. 그다지 노력이 필요하지 않은 것입니다. 헬(Hell)조선 등 현 한국을 비하하는 표현이 많지만, 대한민국에서 태어난 자체가 복이고 운 입니다. 세계 10위의 경제 대국에 태어난 것입니다. 세계 193국 대표들의 경제 마라톤에서 대한민국은 세계 10위 입니다. 여러분은 10번째에서 출발하는 것입니다. 북한에서, 혹은 살기 힘든 어느 나라에서 태어나서, 193번째에서 뛰어야 하는 사람도 있을 것입니다. 2021년까지 세계 10위의 명목 국내총생산(GDP) 순위가 2022년 세계 13위로 내려갔습니다. 각국이 자원과 생산을 연계해서 자원 빈국인 대한민국의 환율 저하가 큰 원인이지만, 자원 부족과 저 출산의 인구감소가 고착화 되면서, 대한민국의 정체와 퇴보가 시작된 것인지 우려 됩니다.

21세기 입니다. 무에서 유를 창조해야 하고, 지구 온난화도 생각해야 하고, 타국과의 공학기술 경쟁도 생각해야 합니다. 버릴 것이 없습니다. 그래도 너무 많습니다. 생기는 과는 있어도 없어지는 과는 적습니다. 과만 그런 것도 아니고, 학문 분야도 그렇습니다. 없어지는 학문 분야도 적습니다. 거의 없습니다.

제일 싫은 교수 형태가 있습니다. 본인이 은퇴하면 그냥 가면 되는데 물려줄 사람과 학문 분야를 골라서 채용하는 은퇴 교수가 드물지만 있습니다. 대부분 은퇴 교수가 소위 돈 한 번 벌어 보지 못하고, 그냥 학위하고 교수가 된 사람이 태반 입니다. 30대에 초반에 교수가 되었으면 30년 이상, 40대 초반에 되었으면 20년 이상 교수 생활을 하지만, 산업체 동향과 거리가 먼 공학기술에 머물러 있습니다. 안 그래도 산업체에서는 대학이 업체에서 요구하는 공학기술과 괴리가 있다고 불만 입니다. 공과대학은 산업체보다 10년 앞선 연구를 하고, 산업체보다 동등 이상의 제품 개발을 해야 그 존재 의미를 찾을 수 있습니다. 학교에만 있었으니 부족 합니다. 신기술 신경향은 책으로 논문으로만 접해서 되지 않습니다. 산학 연구를 강조하는 이유도 여기에 있을 것입니다. 그래도 본인이 했던 것, 본인 외에는 아무도 관심 없는 것을 고집하고 특채라도 해서, 그 자리를 채웁니다. 바깥은 새로운 분야를 원하는데, 또 정체 입니다. 21세기 대학은 교육기관이 아니고, 지식 기업이어야 합니다. 그런데도 낡은 지식으로 폐기된 교수를 또 뽑습니다. 대한민국의 대학은 언제 미래 공학기술을 준비해서 기후 문제, 인구 문제, 그리고 세계 경제를 이끌 겁니까?

은퇴를 앞둔 교수님들!

제발 빈손으로 왔듯이, 어떤 유산도 남기려 하지 말고 빈손으로 떠났으면 합니다. 교수 몇 명 떠나도, 학과 망하지 않습니다. 불필요한 유산을 남기니 점점 정체하고 어려워 집니다. 은퇴 교수의 교수 채용에 남은 교수들은 강력히 반대해야 합니다. 떠나는 교수가 아니고, 남은 교수가 살 집이 학과 입니다. 그래야 학과도 살고, 좋은 교육, 새 교육도 이루어질 수 있습니다. 은퇴 교수가 조용히 유산 없이 가는 것이 제일 좋습니다. 나머지 분들이 알아서 할 것입니다.

　공대는 학과가 많습니다. 모두 필요하고 세상에 의미가 있습니다. 학과도 자동화 추세를 거스를 수 없지만, 전통적으로 기계계열 학과, 전기/전자학과, 소재학과 등은 수요가 꾸준합니다. 무인도에 갈 때 3가지 분야만 선택하라면 어떤 학과를 선택할 것인지 묻는 경우가 있습니다. 공대생이라면 소재와 역학, 그리고 전기/전자 관련 입니다. 소재가 없으면 아무것도 할 수 없습니다. 아무리 무에서 유를 창조하는 시대가 되었다지만, 존재하는 유한의 몸체가 인간이기에 눈비 피할 곳이 필요 합니다. 그것이 소재이고, 재료 입니다. 이왕 소재로 짓는 것 고인돌처럼 짓고, 동굴에서 돌 밑에서 살 수는 없습니다. 역학이 필요합니다. 동역학, 열역학, 유체역학, 기체역학, 재료역학 등을 다루는 기계 계열이 그런 역할을 합니다. 남들과 소통해야 합니다. 걸어가서, 연 날려서, 비둘기 보내서 소통할 수 없습니다. 호롱불 밑에서 살 수도 없습니다. 전기/전자, 컴퓨터 계열이 필요한 이유 입니다.

　그러나 우리는 무인도에 살지 않습니다. 21세기는 가치를 설계하고 창조해서 혁신해야 합니다. 제품에서 가격과 성능보다는 디자인과 기능이 강조되는 시대에 살고 있습니다. 삶에서는 품위도 찾고 싶습니다. 그래서 공과대학에 전공 학과가 많은 이유 입니다.

21세기는 학과 및 전공 간 분리를 안 하는 것이 세계 조류 입니다. 21세기는 융합(Conversion)으로 시작되었지만, 한국 대학은 형식적 입니다. 학과 및 전공 간 벽이 있는 대학은 20세기 대학 입니다. 신소재 공학과 학생도 코딩을 하고, 전자와 물리에 관심을 가지고, 예술을 공부해야 합니다. 컴퓨터과 학생도 소재와 전자 부품을 알고, 수학, 물리, 화학, 그리고 인문학을 섭렵 합니다. 이것이 융합 입니다. 업무 성과 기준인 기업과 달리 대학은 입학생 수가 기준이므로 형식적 통합 뿐입니다. 학과를 기본으로 하는 혁신은 세금의 낭비 입니다. 책임과 권한, 그리고 미래의 안목을 갖는 학교 당국이나 정부가 나서기 전까지 융합은 대학에 없습니다. 21세기는 융합의 시대 입니다. 형식적인 융합이 아니고, 뒤떨어진 융합이 아니고, 쉬운 융합이 아니고, 세계 최고가 되겠다는 융합이 필요 합니다.

융합을 단과대학 내로 한정해서도 안 됩니다. 공학과 과학이 융합하고, 공학과 과학과 인문학이 융합해야 합니다. 공학과 과학과 인문학과 예술이 융합해야 합니다. 그런데 쉬운 융합, 편한 융합을 하면 안 됩니다. 문과생도 높은 수준의 수학, 물리, 화학, 생물, 지구과학을 해야 하고, 공대생도 정치, 경제, 사회, 문화를 알아야 합니다. 특히 세계사와 한국사를 공부해서 영웅들의 꿈을 이루기 위한 전략과 전술, 실패와 성공 이야기, 지역적 시대적 상관 관계를 알려고 해야 합니다. 아는 만큼 세상은 넓어지고 커집니다. 쉬운 공부는 취미 생활 입니다. 공부는 어렵습니다. 그래서 집중력과 몰입을 기본으로 정진해야 실력이 향상 됩니다.

교수도 가르치고 논문 쓰는 것이 본분이라고 생각하면 안 됩니다. 학생에게 꿈과 비전을 주고, 유니콘 기업을 꿈꾸는 기업가 정신을 갖추고 실행해야 진정한 교수 입니다. 특히 공대 교수는 이렇게 해야 합니다.

21세기 대학은 교육기관이 아니고 지식기업이 되어야 합니다.
공과 대학은 기업체의 미래 기술 연구소 입니다.
21세기에는 공대가 융합해서 기업체의 미래 기술 연구소가 된 대학, 공대 교수가 기업가 정신을 실천하는 대학만 생존할 겁니다.

14. 과학과 공학의 차이는?

　과학(Science)과 공학(Engineering), 그리고 기술(Technology) 용어에 대한 이해가 필요 합니다. 과학기술, 공학기술이라는 용어는 개별적으로 존재하지만 2개를 합할 때는 대개 '과학기술'이라는 용어로 씁니다. 과학기술부 혹은 과학기술정보통신부는 쓰지만, 과학/공학부 혹은 공학/과학부는 쓰지 않습니다. 기술과 공학을 동일한 의미로 쓰지만, 둘은 다른 용어이고 의미 입니다. 대학에서는 공학을 주로 사용하지, 기술을 독립적으로 쓰지 않습니다. 공과대학(Engineering College)이라는 용어가 일반적이고, 기술대학(Technical College)이라는 용어는 포괄적인 실용성을 강조할 때만 씁니다. 과학기술, 공학기술, 산업기술, 의학기술처럼 '기술'을 연관(종속)어로 사용하거나, 실용화 혹은 포괄 기술로 '기술(Technology)'을 사용 합니다. 철학자들은 철학에 대응해서, 과학과 공학 모두를 포함하는 '기술'을 사용 했습니다. 과거의 과학적 발견과 이론이 공학이 되고 기술이 된 것도 많습니다. 원자력 물리와 반도체 물리가 원자력 공학과 반도체 공학이 되면서 저변이 넓어지고 실용화 되었습니다. 현대는 과학과 공학을 대등한 용어로 쓰지만, '기술'을 공학이라는 의미로 쓰는 것은 맞지 않거나, 오해를 가질 수 있습니다. 즉, 과학기술과 공학기술의 연관(종속)어로 "기술"을 이해하면, '과학기술과 공학기술'이라는 뜻과 다르게 '과학기술'은 과학만을 의미하는 것이 될 수 있습니다. 한국과학기술한림원은 과학자 중심이고, 한국공학한림원은 공학자 중심 입니다. 또한 21세기는 융합의 시대로 과학과 공학의 분리는 큰 의미가 없을 수도 있지만, 과학과 공학 전체를 포함하는 기술이라는 용어는 산업혁명 이전에는 가능 했습니다. 그러나 현대는 과학과 공학이 별도 의미를 가지고, 공학을 지칭하려 사용하는 기술이라는 용어는 공학과 동격이 아닌 연관(종속)어 입니다. 각각의 용어의 정확하고 바른 용어는 '과학(Science)과 공학(Engineering)' 입니다. 여기에 붙는 기술이라는 단어는 연관(종속)어 입니다. 공과대학에서 과학기술이라는 용어를 쓰는 것은 맞지 않고, 사용도 않습니다. 융합의 시대지만 공과대학은 공학기술을 사용하고, 자연과학대학은 과학기술 단어를 사용하는 것이 옳은 표현입니다.

과학과 공학은 다른 의미의 용어이고, 기술은 공학을 의미하는 단어가 아니고 연관(종속)어 입니다. 그래서 과학과 공학의 차이를 생각해 봅니다.

과학과 공학의 기원은 명확히 확립되지 않았지만, 둘 다 기원전 수천 년까지 올라갑니다. 과학은 그리스 자연 철학자인 탈레스, 피타고라스 등이 언급 됩니다. 또 수학을 과학의 기원으로 이야기 합니다. 초기 문명의 중심은 유럽이 아닌 이집트와 메소포타미아 지역 이었고, 피타고라스도 유럽인이 아닌 오늘날의 레바논, 시리아, 그리고 이스라엘 지역의 페니키아인 입니다. 고전역학의 대부인 아이작 뉴턴(Isaac Newton)도 자신을 자연 철학자라 지칭 했고, 이후 산업혁명과 함께 과학이라는 용어가 사용됩니다. 즉 과학의 기원은 유럽이 아닌 이집트와 메소포타미아 지역이었고, 자연 철학자부터 시작 되었고, 연도는 대략 BC

2000년 정도로 봅니다.

　공학은 원초적 인간의 힘이나 기술로 가능하지 않은 일을 기계나 기술을 이용하여 해결하여 문명을 이루고, 인간의 편리성을 증진하는 것입니다. 수학에 기초를 두었지만, 이집트의 피라미드, 그리스의 파르테논 신전, 그리고 중국의 만리장성을 공학의 결과물이라고 칭해도 됩니다. 인간 삶에 영향을 준 것이 공학이라 하면, 그 시작은 대략 BC 3000년 정도로 추정 됩니다. 현대의 공학 개념으로 1818년 토목 공학회, 1847년 기계 공학회, 1871년 전신 공학회, 1881년 전기 공학회, 그리고 20세기에 화학 공학과 재료 공학을 시작으로 다수의 공학이 생기게 됩니다. 즉 현대 개념의 과학과 공학은 산업혁명 이후에 생겼고, 이전에는 철학은 별도로 하고, 과학과 공학의 개념에 대한 정의 없이 총체적인 기술을 대변해서, 그리고 철학의 필요에 따라 사용 되었습니다.

　대개 과학은 이론적이라고 이야기하고, 공학은 실용 혹은 응용 학문이라고 이야기 합니다. 과학자는 문제가 무엇인지를 파악하기 위해 이론과 지식을 체계적으로 탐색하는 사람이면, 공학자는 효율적이고 실용적으로 문제를 해결하고 행하는 것이 중요한 사람 입니다. 즉 과학자는 알려고 하는데 주안점을 두고, 공학자는 알려진 문제를 해결하려고 시도하는 사람으로 비용과 시간, 그리고 사회적 비용을 고려하는 사람 입니다. 다른 관점에서 과학자는 알리는 노력의 결과로 사고의 지평을 넓혀주는 사람이라고 정의할 수 있는데, 공학자는 문명의 흐름과 삶의 방향과 질을 바꾸는 사람이라고 할 수 있습니다. 문명의 큰 흐름인 대항해 시대도 대형 선박 건조가 있었기에 가능 했습니다. 인간 노동력을 기계로 대체한 증기 기관차를 언급하는 1차 산업혁명, 대량생산을 가능케 했던 컨베이어 벨트 시스템을 이용한 포드 자동차의 2차 산업혁명, PC 정보혁명인 3차 산업혁명, 다량의 Data를 주고받는 4차 산업혁명으로 인류 문명은 이전과 완전히 달라집니다. 과학을 응용했다 해도 이들 각각의 산업혁명은 공학의 산물이지 과학의 개가라고 하지 않습니다.

특히 21세기 공학은 크고, 자체로서 하나의 문화이고, 문명이며, 혁신의 산물로 진화하고 있습니다. 따라서 공학은 과학과 구분되고, 인문학과는 완전히 별개인 분야이기는 하지만, 공대생은 과학과 인문학을 섭렵할 기본 능력을 가진 가역적 (Reversible) 존재 입니다. 공학은 완성형이 아니고, 끊임없이 보완하고 개선하는 진행형 입니다. 그래서 순수 과학자는 공학에 정해진 이론이 없다고도 하지만, 실제로 과학자들은 제조 및 응용 기술에 관해서 무지에 가깝습니다. 순수 과학자는 자연을 이해하고 해석하려 노력하지만, 공학자는 자연을 제어해서 개발하려는 사람 입니다. 그래서 공학자는 투입(Input) 비용과 생산(Output) 비용을 고려해서, 부가가치(Added Value)를 생각하고, 실현 가능성도 고려 합니다.

제2차 세계 대전을 종식시킨 원자탄 개발을 위한 맨하튼 프로젝트는 과학자의 승리라 할 수 있습니다. 1970년 4월 11일 발사된 아폴로 13호는 사고로 달 착륙을 하지 못하고, 4월 17일 극적으로 지구에 귀환 합니다. 사고에 따른 승무원 생존 문제, 전력 문제 등의 난제를 해결하고, 최종적으로 아폴로 13호 우주선을 성공적으로 지구로 귀환 시켰기 때문에 이 사건은 공학자들의 승리 입니다. 맨하튼 프로젝트에서 공학자는 과학자, 물리학자의 보조 기술자로 밖에 인식 되지 않습니다. 그러나 아폴로 13호를 시작으로 원자력 발전소, PC, 인터넷, 무선 통신, 핸드폰, 인공위성 등으로 20세기 말, 21세기부터는 과학의 승리보다는 공학의 승리가 절대적이고 지속된다는 것에 누구도 의심하지 않습니다. 주위를 보면, 정치가 법률가는 물론이고, 의사, 심지어는 과학자까지 공학의 도움이 있어야 합니다. 예로 과학자는 물론이고 모든 행정가의 과거와 현재, 그리고 미래를 잇는 데이터 처리는 PC나 데이터 센터 없이는 불가능하고, 이것들은 공학의 결과 입니다. 의공학 기구나 영상 장비와 같은 장치는 대부분 의사 노력의 결과가 아니라 공학의 산물 입니다.

  맨하튼 프로젝트까지 과학자의 보조자가 공학자였지만, 21세기부터는 공학자의 보조자가 과학자 입니다. 그래서 더는 '과학기술'이라는 용어 대신 '과학과 공학' 혹은 '공학과 과학'이라는 용어, 심지어는 독립적으로 '공학기술'이라는 용어가 적절 합니다. 대한민국은 과학 분야 노벨상이 없다고 매년 한탄 합니다. 그러지 않아도 됩니다. 우리는 제조업, 즉 공학의 강자 입니다. 대한민국은 국내총생산(GDP)에서 제조업 비중이 28%로 세계 2위 입니다. 중국이 30%로 1위 입니다. 경제협력개발기구(OECD) 회원국의 제조업 평균은 13% 정도 입니다. 기초 과학 없이는 공학의 발전이 없다고도 이야기 합니다. 아닙니다. 공학은 과학의 완전한 이해가 없어도 성취 가능 합니다. 가능할 뿐만 아니라 21세기부터는 그동안 과학자가 담당했던 꿈과 이상은 물론이고, 삶과 문명까지 공학자가 선도하고 있습니다. 대규모 투자가 수반되는 21세기에 한국의 국력은 선택과 집중을 할 수 밖에 없고, 그것이 공학기술이고, 공학자 입니다.

양자역학, 원자 물리, 천체 물리를 몰라도 원자력 발전소를 건설했고, 수출도 했으며, CDMA(Code-Division Multiple Access: 코드 분할 다중 접속) 통신기술 개발했고, PC를 생산하고, 핸드폰을 만들고, 유도 무기 개발하고, 우주선도 개발해서 지구를, 우주를 관찰해서, 필요하면 과학자에게 데이터를 제공하고 있는 것이 공학 입니다. 21세기에 20세기 업적을 열거 합니다. 그중 핵심적 기반 요소 중 하나가 전력 공급 이었습니다. 원자 물리나 양자역학을 몰라도 장거리 송전 문제, 발전 문제, 고 장력 저 저항 송전선 재료 문제 등의 업적을 공학자들이 노력해서 해결 했습니다. 과학 성취가 대한민국을 이끈 것이 아니고, 공학 성취가 오늘의 대한민국을 개척 했습니다.

과학이 우주와 물질, 그리고 진화의 수수께끼를 알고자 했듯이, 공학은 더 나은 변화와 시스템을 추구 합니다. 과학처럼 공학은 유일무이한 해결 방안을 찾지 않습니다. 공학은 최종적인 목표를 계속 수정하며 지속적인 변화를 선도하고 있습니다. 고민하고 생각하지만, 시도하고 미래로 전진 합니다. 수년의 변화는 작을지라도 백년의 변화는 작지 않습니다. 2차 산업혁명에서 대량생산 체계를 처음 도입한 포드 자동차나, 라이트 형제의 초기 비행기를 지금의 자동차나 비행기와 비교해 보십시오. 많은 개선과 시행착오를 거치며 오늘에 도달했고, 앞으로도 계속해서 개선되고 발전할 것입니다. 미래 도심 교통은 자동차와 항공이 결합하고, 자율 주행차가 당연한 것이 될 것이고, 이것에 필요한 문제를 공학이 해결할 것입니다. 인간의 사고력 부족, 인습과 관습 문제, 기술력 부족 등으로 처음부터 완전한 시스템 구축이 어려웠고, 교통 체계, 생산 체계, 이용자 환경 등이 예측과 달랐지만, 공학은 타협하고, 개선해서 오늘에 이르렀습니다. 기술적, 경제적, 시간적, 사회적으로 완전한 시스템이 가능하지 않았기에 공학은 타협했고, 개선을 지속 했습니다. 타협과 지속된 개선을 공학기술이 선도했고 주도 했습니다. 공학은 시대를 반영하고, 현재의 공학기술의 한계를 인정 하지만, 필요한 공학기술을 미래 기술로 인지하고 있기에 절대적이기보다는 상대적입니다. 어제보다 오늘이 낫고, 내일의 개선을 추구하는 것이 공학 입니다. 일단 시작하고, 나중에 완벽하게 하세요. 그냥 그렇게 시작 하세요. 이것이 공학 입니다.

대한민국의 과학기술에 대한 도전은 과학기술이 아니었고, 공학기술에 대한 도전이었고 극복기 입니다. 19세기까지의 유럽과 20세기 미국을 제외하고, 대부분 나라의 과학기술 도전은 공학기술 도전이라는 표현이 정확 합니다. 대한민국에서도 '과학기술 입국'이 아닌, '공학기술 입국'이 올바른 표현 입니다.

우리는 알고 싶습니다. 우주의 기원, 물질의 구성, 생명의 기원이 궁금 합니다. 과학은 절대적 진리를 향한 노력이 중요하고 사고의 지평을 넓혀 주기에 필요 합니다. 그러나 21세기부터는 공학의 시대 입니다. 과학의 문제들이 다 해결되었다는 것이 아니고, 이들은 입자 가속기, 중력파 측정기, 제임스 웹 우주 망원경처럼 대규모 국가 과제가 아니면, 인류의 생각하는 지평을 넓히기 어렵습니다. 반면에 공학은 문명과 기술, 그리고 현실을 바꾸며 진화하고 있고, 저변도 계속 확장하고 있습니다. 과학과 공학은 상호 보완적이지만, 공학이 대중 앞에 나가는 것이 시대조류 입니다. 그럼에도 불구하고, 과학을 앞세우는 분야가 너무 많습니다. 우주 기원을 이야기하고, 물질 한계를 이야기하고, 생명 기원을 이야기 하는 것이 멋있고 타당한 것처럼 보입니다. 그러나 과학은 사고의 지평을 넓힐 수 있지만, 문명과 우리의 삶을 변화시키지는 못 합니다. 문명을 우리 삶을 변화시키고, 저변도 계속 확장하는 것은 공학이고, 이제는 공학이, 공대생이 앞서도 조금도 이상하지 않은 21세기 시대가 도래 했습니다.

우리는 삼성, 현대, SK, LG, 한화 등이 세계 조류를 이끌지는 못 하지만 비슷하게 가고 있다고 생각하고, 그렇게 믿고 싶습니다만, 아닙니다. 힘겹게 따라가고 있을 뿐입니다. 90년대 초부터 반도체 분야에 우수 인력이 오지 않기 시작했지만, 이제 이 정도면 되었다고 국가의 학술 지원 연구비를 줄였고, 그 결과가 반도체 인력 부족이고, 반도체 위기 입니다. 미국의 애플이, 대만의 TSMC가 세계 반도체를 주도하고 있습니다. 이미 조선 산업은 한 번의 위기를 겪었고, 다시 위기가 올 것입니다. 자동차 산업도 고군분투 중 입니다. 2022년 글로벌 배터리 사용량에서 중국의 CATL과 BYD가 1, 2위를 했고, LG가 12.3%로 3위, SKOn이 5.9%로 5위, 삼성SDI가 5.0%로 6위 입니다. 한국의 3사를 다 합쳐도 23.2%로 CATL 한 회사의 37.1%에 한참 못 미칩니다. 2023년에는 LG에너지솔루션이 1위를 했지만, 국가별 순위에서는 중국에 밀립니다. 중국에 밀리는 것도 문제지만, 한국 업체의 성장율이 중국 업체의 성장률의 절반 정도인 것이 더욱 문제 입니다. 특히 한국이 기술적으로 삼원계(NCM)보다 수준 낮다고 무시했던, 리튬인산철(LFP) 배터리가 실용화 되면서, 한국은 중국에서 배터리를 수입하고 있습니다. 전기 트럭과 전기 버스 분야도 중국에 시장을 내 주고 있습니다. 가전 분야의 위기는 전방위적이기에, 중국에 많은 시장을 내주고 있습니다. K-방산이 있지만 첨단 정밀 무기 분야에서는 기술차가 있습니다. 좋게 이야기해서 가성비이지 결국은 기술 격차가 가격 차이 입니다. 삼성이 R&D센터를 베트남과 일본에 세웁니다. 젊은이가 없고, 원천 소재와 장비가 부족한 한국을 믿고 사업할 수 없다는 뜻 입니다. 혹은 위기의식 없는 자국 대한민국이 아닌, 베트남에서 기업 활동에 전념하겠다는 생각일 수도 있습니다. 2023년 한국의 삼성, 현대, LG 3사의 매출액과 영업 이익이 일본의 도요타, 히다치, 소니 3사에 밀렸습니다. 특히 삼성전자가 일본 소니에게 영업 이익에서 밀린 것은 1999년 이후 처음 입니다.

1980년대 의대 이외의 최고 점수가 생화학과 였습니다. 전자과보다 높을 때도 있었습니다. 현재 대한민국에서 이들의 생산액과 수출액은 하위권 입니다. 약학대학, 의과대학도 마찬가지 입니다. 그 우수한 인력으로 박카스와 비타500 외에, 외국인 의료 환자 몇 명 유치한 것 외에는 무엇을 했는지 종종 생각 합니다. 보건 의료에 기여했다고 하나, 공학은 그보다 많은 진보를 주었고, 심지어 문명도 바꾸고 있습니다. 전자산업의 수십분의 일이고, 한국 전체 수출 비중에서 미미해서, 대한민국 발전에 무엇을 어떻게 기여했는지, 고민하고 찾아보지만 없습니다. 할아버지, 아버지 세대의 피와 땀과 눈물로 이룬 대한민국에서 약자인 환자만 상대하며, 소명(Mission)보다는 결실을 챙기는 직업이 의료인 입니다.

　과학에는 국경이 없습니다. 전통적 선진국인 유럽과 미국이 주도하고 있지만, 이들은 과학의 발견을 공유 합니다. 달, 태양, 우주 탄생에 대한 지식을 공유 합니다. 생명과 인류의 기원에 대한 과학 지식을 공유 합니다. 그래서 인류의 생각하는 지평선을 넓히고, 자국의 이미지 향상을 도모하고 있습니다. 그러나 공학에는 국경이 존재 합니다. 반도체 공학, 우주 공학, 원자력 공학을 위한 원천 공학기술 확보와 공학기술 보호에 각국이 심혈을 기울이고 있습니다. 이들 공학기술을 이용하려면, 사용료를 지불해야 하고, 심지어는 사용료를 지불한다고 해도 허락하지 않는 것이 공학기술 입니다. 공학기술의 불법 사용과 누출에 대해 각국이 처벌을 강화하고 있습니다. 과학에는 국경이 없지만, 공학에는 국경이 있습니다. 대한민국은 공학에 대한 출발이 늦어서 압축해서 성장했지만, 높은 수준의 공학기술이 부족 합니다. 앞선 선진국들은 높은 수준의 공학기술에 대한 이전을 거부하고 있고, 높은 수준의 공학기술 개발에는 시간과 역량, 그리고 투자가 필요 합니다. 그러나 노력에 대한 보상이 적고, 미래가 불안정 해서 대한민국의 우수 인재들은 공학에 인생을, 미래를 걸기를 거부 합니다. 젊은 인력의 절대적 양도 급격히 줄어들고 있습니다. 그래서 대한민국이 정체이고, 위기 입니다. 많이 쓰는 것도 문제지만, 못 버는 것은 더 문제 입니다. 쓰는 것은 내가 결정할 수 있지만, 버는 것은 상대적이기에 문제 입니다. 대한민국은 쓰는 양은 증가하는 반면, 버는 사람이 계속 줄어서 문제 입니다.

과학은 사고의 지평을 넓히기 위해 대중과 위정자에게 가능성과 결과를 알려주며, 세금과 지지를 확보하기 위해 노력 합니다. 공학은 기술 보호가 최우선이기에 특허를 우선하고, know-how를 알려주지 않으려 합니다. 이것이 방송 출연자 중에 과학자들은 많지만, 공학자는 적은 이유가 될 수도 있습니다. 공대생이나 공학기술 드라마가 현대인에게 훨씬 사실적이고 극적인 사건도 많습니다. 그러나 이를 다룬 드라마는 거의 없습니다. 원인은 공학 드라마를 위한 장치에 많은 비용이 들고, 일반인을 이해시키고 감동을 주려면, 기존과 다른 새로운 접근이 필요 합니다. 배우들이 사무실에서 일하고, 재판소에서 법복을 입는 것으로, 수술실에서 수술 도구인 칼을 들고 드라마 의도를 표현할 수 있지만, 공학기술은 다릅니다. 현대의 공장이나 반도체 사진을 보면 정교하다 못해서 아름답기까지 하지만 이를 표현해서 감동을 주려면 새로운 접근이 요구 됩니다. 공대생에게도 사무실은 있지만 여기서는 타 부서와 토론하고 회의하는 정도 입니다. 대부분의 일은 현장에서 일어나고 결정도 현장에서 합니다. 그래서 고가의 장치가 필요 합니다. 또 변화도 빠릅니다. 오늘의 장치가 이미 구식이 되었습니다. 직접적 경험 없는 작가로서는 쉽지 않은 내용이 공학기술 드라마 입니다. 그래서 한국 드라마는 과거 지향적이거나 사무실, 재판소, 수술실 중심 입니다. 공대생과 산업 현장 중심의 공학기술을 실감과 감동으로 표현하려면 현장을 경험해야 가능 합니다.

대한민국에 위기가 아닌 곳이 없습니다. 공학기술의 위기지만 결국은 인력의 위기 입니다. 정치권과 의료계만 빼고 대한민국 전체가 위기 입니다. 가장 늦게 어려울 곳이 정치권이기에 공천권 이외는 관심도 없고, 너무 태만하고 위기 의식이 전혀 없습니다. 대한의사협회는 전문가 수준이면 충분한 내수용 의사 직업에 해외에서 경쟁할 혁신가급의 인재를 확보했다고 안주 합니다. 대한의사협회는 환자를 볼모로 정부 정책 수립에 있어서 의사 합의가 있어야 한다고 자신 합니다. 대한민국 수준을 초과하는 경제협력개발기구OECD) 회원국 중 최고 연봉 수호에만 관심이 있는 이익 집단이 대한의사협회 입니다. 대한민국 위기에는 관심도 없고, 소명(Mission) 의식도 정의감도 부족해서, 이익 수호에만 집중하는 집단이 이익 단체이며 기득권인 대한의사협회 입니다. 의사가 필요한 환자를 지키는 것이 의사 본업이 아닌지 오래 되었고, 수입만이 그들의 정의이고 본업 입니다. 따라서 대한민국 인력양성 계획에서 대한의사협회의 배제는 너무도 당연 합니다. 이권 단체는 국가인력정책에서 오로지 이익 의존적 결정을 내리기 때문 입니다. 공공기관도 자문기관도 아닌 대한의사협회는 수익 보장이 없는 한, 합의도 결과도 없습니다. 의사들의 최고 연봉은 병약한 환자에게 돌아갈 의료보조 시스템의 효율을 가져가서 가능한 것입니다. 의료보조 시스템에 종사하는 간호사, 기술자(Technician), 분석가, 그리고 행정 인력의 급여는 대한민국 평균인데, 의사들 급여는 경제협력개발기구 회원국 중 최고로 대한민국 수준을 초과하고 있습니다.

공학기술만 아는 것은 고수가 아닙니다. 공학기술을 알고, 공학기술의 저변을 확장하고, 공학기술을 통해 가치와 문명을 바꾸려는 자세가 고수의 자세 입니다. 시대의 흐름을 읽고, 예측해야 합니다. 이런 환경이라면 한국은 지금의 반짝 영광으로 끝나고, 다시 변방의 그저 그렇고 그런 나라가 될 수 밖에 없습니다. 실용 기술을 의미하는 공학기술이, 공대생이 세계 조류를 잃는 순간 대한민국은 다시 1910년의 경술국치와 같은 하류 국가로 전락할 것입니다.

정부도 내수용 전문가 의사직업군에 세계에서 경쟁할 혁신가급 인재가 몰리는 것을 방지해야 합니다. 경쟁(Competition)과 도태(Selection)가 가능한 수준으로 의사 입학 정원을 증원해야 합니다. 소규모 증원은 내수용 의사 집단의 카르텔을 공고히 하고, 세계에서 경쟁할 혁신가급 인재를 흡수할 뿐입니다. 의사 직업군도 경쟁하고, 적응(Adaptation)에 따라 도태되어야 합니다. 경쟁과 도태는 자연 법칙이고, 대한민국 발전의 동력이고, 다시 도약할 기본 입니다.

정체되고 하락하는 대한민국에서는 선택과 집중이 공학에, 공대생에게 집중되어야 합니다. 공대생이 대한민국의 주역 입니다. 대한민국이 의지할 곳이 기술은 공학기술이고, 인력은 공대생 입니다.

15. 임진왜란과 도자기 전쟁

  1592년 5월 23일은 일본군이 부산을 침략해서 벌어진 조선과 일본의 임진왜란 발생일 입니다.

  '임진왜란은 일본을 통일한 도요토미 히데요시가 명나라를 치기 위한 일본의 조선 침략 전쟁이다.' 이렇게 우리는 알고 있습니다. 전투의 개요보다는 기술적인 부분만 생각해 보겠습니다.

  당시 조선은 당파 싸움이 심했지만, 조선 기술과 함포 기술이 일본보다 우세하였고, 개인 화기에서 조총에 열세 였습니다. 전술적으로 보면 육상에서는 밀리고, 해상에서는 밀리지 않습니다. 육상에서는 크게 밀려 조선 국왕인 선조가 황해도, 의주까지 피난 갑니다.

육상에 밀리던 이때 일본이 조선에서 취한 것은 무엇일까요. 가장 중요한 기술이 도자기 기술 입니다. 그래서 임진왜란을 도자기 전쟁이라고 합니다.

도자기(Porcelain)는 토기(Earthenware)와 다릅니다. 토기는 기원전 1만2천년 전에 발명된 것으로 보고 있습니다. 기원전 2600년 경의 그리스 크레타 섬의 미노아 물레로 만든 항아리가 최초로 알려져 있습니다. 유럽은 1709년 독일 마이센에서 도자기를 생산하기까지 토기가 주종 이었습니다. 토기와 자기의 차이는 열처리 방식과 유약(Glaze) 사용 여부 입니다. 초기 토기는 노(Furnace) 없는 노상 열처리로 제조해서 입자간 결합력이 약 했습니다. 후기 토기는 열을 가두고 올리는 노를 사용해서 고온의 도질 토기로 발전 합니다. 도자기는 토기에 다시 한 번 유약이라는 막을 입히고, 900℃ 이상에서 열처리해서 생산한 것입니다. 즉 토기와 도자기의 차이는 2차 유약 사용 여부 입니다.

중국은 9세기경부터 청자기, 청백자, 청화 백자 등으로 발전 합니다. 한반도에서는 11세기 이후부터 고려청자 전성기를 맞고 조선 초기에는 분청사기로 발전 합니다. 유럽은 17세기까지 자기를 생산하지 못 했습니다. 즉 임진왜란까지는 세계에서 도자기를 생산할 수 있는 나라는 조선과 중국, 그리고 베트남과 같은 소수의 국가 밖에 없었습니다. 조선은 독보적인 고려청자 기술과 이를 이은 분청사기 기술도 가지고 있었습니다. 당시의 최고 기술이 도자기 생산기술 이었습니다. 지금의 반도체 기술에 해당 합니다.

1592년 임진왜란을 일으킨 일본은 1,000여명의 조선 도공을 강제로 데려가 가마를 열게 합니다. 이들 중 조선 도공 이삼평이 1616년 덴구다니 가마에서 일본 최초의 자기인 아리타야키 양식자기(Cultured(or Western) Porcelain)를 생산 합니다. 이후 채색화(Colored Painting) 자기로 발전 합니다.

5천년 전 페니키아인이 사막 야영지에서 발견한 유리 공예 기술 전통이 유럽에 있었습니다. 그러나 17세기까지 유럽에는 도자기 기술이 없었습니다. 16세기 말, 유럽과 중국의 무역 항로가 열립니다. 유럽 왕실 및 귀족들 사이에서 아시아 도자기는 최고의 사치품이 됩니다. 당시 자기는 보석보다 귀한 사치품 이었습니다. 이들은 중국과 일본의 자기를 소장하여, 경제적 부를, 사회적 지위를, 그리고 신기술의 미적 감각을 과시 합니다. 중국 강서성의 경덕진, 일본의 아리타 지역의 이삼평 자기가 유명합니다. 조선은 다수의 자기 가마가 있었지만, 도자기 및 기타의 세계 무역에 참여하지 않아서 무명 이었습니다.

유럽에서는 일본의 도자기를 기반으로 1709년 독일 마이센, 1743년 영국 첼시, 1774년 프랑스 세브르 자기 등이 생산 됩니다.

즉, 1592년 임진왜란 때까지 도자기 생산국은 중국과 한국, 그리고 베트남 밖에 없었습니다. 한국 도공을 데려간 일본은 채색 자기 등을 발전시켜 세계 교역에 참여하고, 이후 서양 문물을 적극 도입 합니다. 이를 기반으로 근대화 하여 국력을 신장시키고, 조선을 병합하고, 태평양 전쟁을 도모하며 부침을 겪습니다.

조선은 세계 최고의 도자기 기술을 가졌지만, 세계 교역에는 무관심 했고, 기술 천시와 중국 중시로 1910년의 경술국치를 맞은 것입니다. 당시의 조선 국력은 너무 약 했습니다. 1894년 11월 20일, 충남 공주의 우금치 전투는 동학 혁명군의 마지막 전투 였습니다. 화승총과 농기구로 무장한 2만명의 동학 혁명군에 맞서기 위해 요청된 일본군은 개틀링 기관총과 신식 무기로 무장한 200여명 이었습니다. 공주의 우금치 전투는 동학 혁명군의 대패로 끝이 납니다. 그리고 1910년에 조선은 병합 됩니다. 이것이 국력 차이 입니다. 기술 차이 입니다.

1520년 스페인의 코르테스가 이끄는 550명에 의해 2천5백만명의 멕시코 아즈텍 문명이 멸망 합니다. 1533년 스페인의 피사로가 이끄는 160명에 의해 6백만명의 안데스 산맥의 잉카 문명이 멸망 합니다. 또 다른 기술과 문명의 차이로 멸망한 예 입니다. 시기와 장소, 그리고 과정은 다를지 몰라도 결과만 비교하면, 조선과 아즈텍 문명, 그리고 잉카 문명 간의 차이를 발견하기 어렵습니다.

1차 산업혁명을 일으킨 영국은 대영제국을 이루었으나, 제2차 세계대전을 끝으로 제국의 지위에서 내려옵니다. 제국은 어느 정도의 인구와 함께, 영토를 유지하고 관리할 수 있어야 합니다. 1차 산업혁명 초기에 영국은 이것이 다 가능 했습니다. 그러나 20세기 초가 되면, 영국은 제조업과 산업체의 혁신보다는 금융업을 통한 부의 창출에 치중 합니다. 즉 투자하고 배당 받는 것을 선호하여 직접 사업체를 하는 것을 꺼립니다. 산업 육성을 위한 도전 정신과 기술 혁신을 등한시 합니다. 오늘의 영국을, 영국 도시를 금융 중심지라 하지, 산업체의 중심 혹은 생산 도시라고 하지 않습니다. 이제는 영국을 강대국이라, 제국이라 칭하지 않습니다. 2020년 기획재정부 발표에서 영국과 프랑스의 국내총생산(GDP)에서 제조업 비중은 10% 이하 입니다. 한국은 28% 정도로 세계 2위, 중국이 30% 정도로 세계 1위, 그리고 미국은 11% 입니다. 미국은 뉴욕의 금융 중심 도시도 있지만, 제조업 중심 도시, 그리고 S/W 개발 및 활용 도시도 많습니다. 창조와 혁신이 끊이지 않는 제국 입니다.

한국에는 세계 최초의 금속 활자 기술도 있었습니다. 1102년 고려 숙종 때가 최초라 하고, 1372년 고려 공민왕 때의 직지심체요절이 세계문화유산으로 남아 있습니다. 1447년에 서양에서는 인쇄업자인 구텐베르크가 금속 활자를 사용해 성서를 인쇄하고 보급 했습니다. 이를 기반으로 인쇄 산업이 활성화되고 지식 보급이 활발 해졌습니다. 대한민국은 서양보다 금속 활자 기술이 수백 년 이상 앞섰습니다. 그러나 인쇄기의 개발이 없어서

탁본과 유사하게 인쇄하여 인쇄 효율이 낮았습니다. 더구나 한자 문화권이라 수천 개의 한자 글자 수에 기인한 활자 주조 문제, 주조 재료인 구리의 확보 문제, 시장성 등으로 인쇄물의 대량 인쇄와 보급이 어려웠습니다. 즉 개발은 앞섰으나, 인쇄 문화와 주변 기술이 없어서 문화 보급, 지식 확산보다는 세계 최초의 타이틀만 갖게 되었습니다. 미래를 생각하는 의지와 통찰력이 없었습니다.

임진왜란과 금속 활자 뿐이겠는가?

전설의 폰인 모토로라 레이저 폰이 있었습니다. 한국인인 서태식 사장이 정밀 금형을 기반으로 디자인해서 국내 여러 곳에 제안했지만 거절 되었습니다. 결국 외국 기업인 모토로라에 채택 되어 1억3천만 대가 팔렸습니다. 2010년에 구글의 핵심인 안드로이드 OS(Operating System)를 인수할 것을 한국 기업에 제안했으나 거절 당합니다. 오늘날 한국은 S/W(Software)에 종속된, 핸드폰의 H/W(Hardware) 생산국일 뿐입니다. 안드로이드 OS는 구글에 인수 되었습니다. 핸드폰 뿐만 아니고, 많은 S/W 산업과 H/W 산업이 세계에서 대한민국이 밀리고 있습니다. 대한민국의 삼성과 LG가 예전처럼 든든하지 않습니다. 수많은 기술이 통찰력 부족, 보유 기술의 과신, 역량 부족 등으로 사장되거나 익힐 수 있는 기회가 사라졌습니다. 그런 기술들이 경쟁사에서 경쟁국에서 되살아나고, 기술 혁신으로 재무장해서, 우리를 역공하고 있습니다.

한국과 일본의 엇갈린 행보로 인한 국력 차이가 임진왜란에서 시작 됩니다. 역사에 가정은 없다지만, 조선이 임진왜란 전후에 도자기 수출을 시작하여 국력을 신장시켜 만주와 시베리아까지 우리가 진출했다면, 오늘의 절해고도 대한민국은 아닐 거라는 것을 상상 합니다. 제국적인 사고라 할 수도 있지만, 꿈이라도 행복 합니다. 그런데 꿈은 꿈이고, 과거는 과거이기에 현실은 지금 입니다.

임진왜란이라는 시련의 역사를 잊으면, 오늘 다시 임진왜란의 고통이 되풀이될 수 있습니다. 지금이 대한민국 5천년 역사에서 가장 좋다고 합니다. 그러나 남북문제, 저 출산 및 고령화, 세계 블록화 등으로 대한민국은 혼란 합니다. 지금 잠깐의 영광을 끝으로 대한민국이 사라질 수는 없습니다. 공학기술 전쟁에서 승리하는 것만이 대한민국을 이끌 것입니다. 공학기술 전쟁의 핵심 주력 부대인 공대생의 승리가 대한민국의 미래 입니다.

16. 독립운동가의 선물

국가 기념일에 국내외 독립 유공자 소식을 듣습니다. 그런데 대부분은 힘들다고 합니다. 당연 합니다. 그들의 할아버지들은 집안 논밭을 팔고, 가족을 버리고, 오로지 조국 독립을 위해 만주로 시베리아로 갔습니다. 어떻게 보면 조국 독립의 대 명제 속에, 가족이라는 소 명제가 희생 되었으니, 힘든 것은 당연 합니다.

이들은 어떤 분인가?

1910년 8월 29일 한일 병합(경술국치) 전후의 독립군 투쟁 기록 입니다.

1909년 10월 26일 안중근 의사의 이토 히로부미 암살

1919년 3월 1일 3.1 만세 운동 시작

1920년 6월 6일 홍범도 장군의 천2백명에 의한 만주 봉오동 전투

1920년 10월 21일 김좌진/홍범도 장군의 3천명에 의한 청산리 대첩

1932년 4월 29일 이봉창/윤봉길의 홍커우 공원 폭탄 투척 의거

1942년 공식 미군 문서에 339명의 독립군이 있다고 기록 됩니다.

1943년 일본군 5,330명 모집에 조선인 303,400명이 지원 합니다.

크고 작은 독립 활동이 있었지만, 상기와 같이 요약 됩니다.

독립군 활동은 1919년 3월 1일의 3.1 만세 운동을 기점으로 활발해 집니다. 이 당시 조선의 인구는 3천만명 이하로 추정 됩

니다. 독립군 숫자도 4천명 이하로 추정 됩니다. 1919년 경에는 인구 만명당 1명이 독립군 입니다. 이 숫자가 1942년에는 10만명당 1명이 독립군 입니다. 최대일 때 만명당 1명, 가장 적을 때는 10만명당 1명이 독립군 입니다. 우리 학교 학생이 대략 2만명이니, 1919년 경에는 2명의 독립군이 나왔고, 1940년 경에는 1명도 없습니다. 그렇습니다.

그런데 1943년 태평양 전쟁을 하던 일본은 일본군 5,330명 모집 공고를 조선인에게 내고, 여기에 조선인 303,400명이 지원 합니다. 대략 1대 57의 경쟁률 입니다. 제2차 세계대전 태평양 전쟁 중일 때 독립군은 조선인 10만명당 1명일 때, 일본군 지원 조선인은 10만명당 100명 입니다. 1대 10도 아니고 1대 100 입니다. 평범한 조선인 가문은 일본이 대동아 공영을 이루고, 중국과 남방 영토를 확장할 때 참여해서, 일본인으로 거듭나고 싶은 욕망을 나타내는, 조선의 한 지표 입니다. 세대를 넘어 지배 당하도록 둔 위정자가 1차 잘못 입니다.

제2차 세계대전 당시 프랑스는 정규군 15만명, 레지스탕스 20만명이 독일에 저항 했습니다. 백범 김구의 독립군은 3백여명 뿐입니다. 그래서 미국은 1947년 조선을, 한국을 제2차 세계대전의 전범국으로 지정하려 했습니다. 조선인 전쟁 범죄자는 148명이었고, 23명이 처형 되었습니다. 일본의 태평양 전쟁을 적극적으로 후원한 나라가 조선이라는 것입니다. 이승만 정부의 반대와 육이오로 흐지부지 되었습니다.

생각했던 독립군 숫자가 너무 적습니다.
전쟁범죄국이라니, 너무 당황스럽고, 너무 불편 합니다.
그래도 역사적 사실 입니다.

독립군은 10만명당 1명 뿐입니다.
이분들이 독립군 입니다.
더 이상 말이 필요 없습니다.
이들이 있었기에 우리는 일제 치하에서 조상들이 독립을 위해 투쟁 했다고, 그나마 덜 치욕스럽다고 이야기 합니다.

영국 언론인 멕켄지의 1907년 항일 의병 취재기 입니다.

    의 병 :   오늘 아침에 전투가 있었습니다. 일본군 4명을 사살했고, 우리 측은 2명 전사, 3명이 부상을 입었습니다.

멕켄지 : 2배의 전과를 올리고도 쫓기는 이유는?

의 병 : **일본군은 무기가 우리보다 훨씬 우수하고 훈련이 잘된 정규군 입니다. 우리 의병 2백 명이 일본군 40명에게 패한 적도 있습니다.**

멕켄지 : 일본을 이길 수 있으리라 생각 합니까?

의 병 : **힘들다는 것을 알고 있습니다. 어차피 싸우다 죽겠지만… 좋습니다. 노예가 되어 사느니 자유민으로 죽겠습니다.**

멕켄지 : 전 솔직히 한국보다 일본에 호감을 갖고 있었습니다. 그러나 직접 한국을 돌아본 결과, 일본군이 양민을 학살하고 비인도적 만행을 서슴지 않는 반면, 한국인은 비겁 하지도, 자기 운명에 무관심 하지도 않다는 것을 알게 됐습니다.

그런데 독립군들의 후손들에 대한 지원은 너무 미미 합니다. 대부분은 너무 힘듭니다. 3대가 아닌 5대, 10대까지 충분히 보상해도 우리는 미안 합니다. 1990년까지의 국가 인정 독립 유공자 수는 770명 이었습니다. 독립 유공자 후손에 대한 지원은 1962년에 시작 되었으나, 지원은 학자금 이외는 거의 없었습니다. 구성원을 보면 독립운동가의 고위직 일부를 제외하고 대부분 피지배 계층 입니다. 고위직 양반도 지방 사람이 대부분 입니다. 즉 수도의 양반은 일제의 사회 구조적 수탈에 협조하여 부귀영화를 누린 것입니다. 1990년 이후 지원은 강화되고 있으나, 지원의 절대 금액이 적습니다. 그것도 독립 유공자 후손 증명이 어려워, 가난의 대물림은 지속 됩니다. 이러한 1차적인 이유는 독립이 우리 손이 아닌 외세의 도움으로 이루어졌기 때문입니다. 여기에 남북으로 분단되어 혼란이 가중된 상황도 일조 했습니다. 일제 청산이 충분히 안 되었고, 국가의 지원 체계도 미비 합니다. 이로 인하여 독립운동가 후손들이 가난을 벗어나기는, 이미 가난의 대물림 수렁에서 헤어 나오기는 힘든 구조 입니다.

독립운동 하면 3대가 망하고, 친일 하면 3대가 흥한다는 말이 없도록 해야 하겠습니다. 애국이 보상받는 나라가, 애국을 생각하는 우리가 되었으면 합니다.

나라를 잃는다는 건, 하기 싫은 가정 입니다.
나라면 독립운동가가 될 것인지 자문해 보시기 바랍니다. 힙합 가수 션이 있습니다. 독립운동가 후손 중 어렵게 사시는 분들을 위해 집 지어 주기 운동을 하고 있습니다. 션은 말 합니다. "누군가 해야 되는 일이기에 내가 합니다."

독립운동가는 그들의 가정을 언제 올지 모를 독립 국가에 바쳤고, 그들의 꿈을, 그들의 미래를 우리에게 선물한 분들 입니다.

17. 왜, 20대는 반항아 인가?

　　인성은 기질(Temperament)과 성격(Character)으로 구성 됩니다. 그런데 이들 간에는 약간의 차이가 있습니다. 기질은 선천적, 유전적인 것으로 잘 안 바뀝니다. 성격은 생물학적이고, 환경적 요인에 따른 개인의 속성이라 변화가 큽니다. 성격은 개인과 환경 차이에 따른 편차가 있어서 여기서 이야기를 마무리 합니다.

　　그리스 로마 신화에 프로메테우스 이야기가 있습니다. 앞을 내다보는 예언자의 의미를 갖는 프로메테우스는 창의력과 손재주로 인간을 창조 했습니다. 창조한 인간이 추위에 떠는 것에 책임을 느껴 제우스에게서 불을 훔쳐 인간에게 주었고, 지혜도 줍니다. 프로메테우스는 인간을 위해 절대자인 제우스에게 순종하지 않은 반동적이며 고독을 견디는 진정한 저항자 입니다. 코카서스의 바위산에서 매일 독수리에게 간을 쪼아 먹히지만 굴복하지 않는 확신자 입니다. 절대자 제우스의 제안을 거절하고 대항한 신념과 원칙을 가진 자 입니다. 그럼에도 불구하고 그리스인들에게 환영 받지 못 했습니다. 부당한 수난에 대한 인내와 압제에 반항하는 존재의 상징 입니다. 인간의 원죄를 가지고 십자가에서 사형 당한 예수에 비견되기도 합니다. 프로메테우스와 예수는 기존 세력에 대한 이단아 입니다.

'젊은이의 버릇없음'을 탓하는 서양 최초의 기록은 수메르인의 기록이라고 하고, 동양은 한비자의 글에서 확인 됩니다. 젊은이는 왜 버릇이 없을까? 구세대가 만들어 놓은 규칙을 젊은이가 거부하고, 새로운 규칙을 만들려 하기 때문 입니다.

어느 시대나 신세대와 구세대의 갈등은 존재 했습니다. 신세대인 청년들이 보기에 신기술, 신문명에 약하지만, 권위와 나이에 의지한 기득권이기에 배격하려 합니다. 구세대가 보기에 신세대들은 기존 규칙을 깨고, 반사회적으로 행동하고, 방종으로 보이기에 버릇 없이 보이는 것입니다.

　조선에도 훈구 세력과 신진 사대부의 갈등, 최종적으로는 남인, 북인, 노론, 소론 등의 당파로 발전하여 갈등이 심하였습니다. 조선은 사농공상의 양반 사회였고, 양반 사회의 목표는 과거를 통한 입신양명(Achieving Glory)이 최고 가치 였습니다. 그런데 조선은 외부 지향적이 아닌 중국 사대의 내부 지향적 이었습니다. 따라서 이들의 욕구를 채워 줄 벼슬자리가 적었고, 그래서 사화(The death of a scholar)가 빈번하지 않았을까 생각 합니다. 결국은 권력 다툼, 경제권 다툼의 일환이 사화로 발전했다고 생각 합니다.

　한국에서는 독재 정권 시대와 민주화 세대를 세대 갈등의 한 축으로 보고 있습니다. 독재 정권에서는 국가의 발전을 위한 집단주의가 강조 되었지만, 민주화 이후는 풍요와 길어진 수명 속에서 개인화가 진행 됩니다. 2000년대 이후는 자본주의의 극대화와 취업률 하락으로 세대 간 갈등이 갈등의 전면으로 등장 합니다. 20대 젊은이도 자산과 자본에 대한 욕구가 증가 합니다. 그러나 기존 세대의 벽을 넘기 힘든 것이 세대 갈등의 축으로 등장 합니다. 또한 길어진 수명과 국가 성장률 저하에 따른 일자리 경쟁이 전 세대에 걸쳐 치열 해졌습니다. 세대 간의 연합과 대결이 갈등의 원인 입니다.

 기성세대들이 보기에 오늘의 20대는 너무 사회 순응적 입니다. 사회에 대한 변혁의 욕구보다는 경제적인 관점에만 관심이 있습니다. 지구 온난화, 사회적 약자, 세계 평화 등에 대한 공감이 너무 부족 합니다. 시민 사회에 모든 것을 맡겨 두고 본인들은 본인의 관심사인 취업에 몰두 합니다. 기성세대가 세상을 어둡게 하고, 젊은이의 기를 눌러 버린 것이 아닌지 걱정 입니다. 공감 부족을 20대의 나약한 기질 탓으로 돌릴 것이 아닙니다. 공감의 경험과 기회를 주지 못한 선배 세대의 잘못 입니다. 지구 온난화, 사회적 약자, 세계 평화 등에 대한 고민보다는 문제 풀이의 입시 교육에 치중했기에 공감이 부족 합니다. 내재되어 있는 기질이 발산될 기회와 경험을 제공하지 못한 것이 원인 입니다.

 부모의 후광으로 경영하는 분도 있지만 자수성가한 분도 많습니다. 우리나라는 외국에 비해 부모 후광으로 기업을 경영하는 분들이 많은 편 입니다. 능력이 된다면 가업 승계를 탓할 것은 아닙니다. 그러나 젊은이들의 도전 정신 부족으로 부모 후광으로 기업하는 비율이 높은 것처럼 보일 수도 있습니다.

　10대는 자기 반영적이고, 가족과 친구에 대한 반항 입니다. 감정 기복이 심하고, 일탈과 반항으로 일컬어지는 질풍노도의 사춘기가 10대 입니다. 의지나 이성과 무관한 호르몬 변화와 뇌의 성장 때문에 나타나는 기질 입니다. 10대들도 변화에 적응하느라 힘듭니다. 어른의 엄격한 잣대보다는 연민의 감정과 공감의 감정이 이들을 대하는 기본이어야 합니다. 힘들게 지나가는 사춘기를 연민과 공감으로 지켜봐 주고 응원해 주어야 합니다. 그래야 10대인 자식과의 관계가 끊어지지 않고 이어집니다. 윽박 지르고 맞대응 하면 관계는 단절 되고 벽은 두꺼워 집니다. 연민과 공감의 이해와 응원이 없으면, 10대를 지나도 상호간 관계는 회복되지 않는 것을 종종 목격 합니다. 10대의 반항적 기질은 뇌의 성장 과정이라는 것을, 인간이면 누구나 거치는 질풍노도의 시기라는 것을 인지해야 합니다. 10대는 연민과 공감으로 대해야 합니다.

　20대 젊은이의 기질은 무엇일까?

20대의 기질은 10대의 사춘기 반항 시절과 다릅니다. 20대는 사회 지향적 입니다. 역사적으로도 청년, 젊은이는 반항아로, 버릇이 없는 것으로 기록 되어 있습니다. 반사회적이라는 것입니다. 사회 생활을 시작했지만 기존 틀이 너무 답답해서 새로운 규칙, 새로운 방식으로 원하지만, 아직은 기성 세대의 규칙을 깨기에는 힘이 달립니다. 그래서 개인적으로 반사회적 입니다. 그러면서도 기존 세대가 이룬 것을 본인 힘으로 이루려는 욕구도 공존 합니다. 남이 해 준 것, 남이 도와준 것을 본인의 치적에 올리기 거부 합니다.

본인 힘으로 본인 스스로 하려는 것 이것이 20대의 기질 입니다. 절대자에 반항하는 반동적인 저항인이 프로메테우스 입니다. 코카서스의 바위산에서 3천 년의 고통과 고독 속에서도 굴하지 않았던 프로메테우스 입니다. 절대자인 제우스의 유혹을 단호히 거부한 프로메테우스 입니다. 부모와 다른 길을 가고 싶어 하고, 부모의 그늘이 없는 곳에서 본인 능력을 발휘하고 싶어 합니다. 경제적 부도, 사회 개조도 본인이 이루어야 만족 합니다. 이것이 20대의 기질 입니다. 이것이 없으면 20대의 기질이 아닙니다. 20대는 사회 반항적이어야 합니다. 20대는 모든 것을 본인이 하려는 의지와 자신감이 충만해야 합니다. 부모 도움과 선배 도움을 또 다른 능력이 아닌 수치로 생각 합니다. 스스로 선택한 미지의 세계를 본인 능력으로 탐험하고 개척하기를 원하는 것이 20대의 기질 입니다.

프랑스 화가 에듀아르 모네(Edouard Monet: 1832~1883)는 유복한 집안에서 태어났습니다. 당시 미술계는 모네의 화풍을 이해하지 못 해서 그가 인정 못 받았지만, 자신의 예술관을 꺽지 않았기에 오늘날 인상파의 대부가 되었습니다. 매끄러운 전통적 화법 대신 모네의 화풍은 거칠었고, 내용은 신화나 서사보다는 파격적인 현실을 선택 했습니다. 권력과 대중에 영합하는 대신 기존 화풍보다 현재에 관심을 두어 전통적 회화에 도전하는 화가가 모네 였습니다. 주류와 다른 것에 대한 사회적 차별과 열등감을 극복하는 것이 인생이라는 믿음으로 전진 했습니다. 모네는 미술계와 대중의 몰이해는 그들의 몫으로 두고, 주류의 비판에도 굴하지 않는 확신의 예술가 였습니다.

2021년 6월 영국 킹스컬리지 발간 보고서에 따르면 대한민국은 12개 항목 중 7개 갈등 지수가 세계 1위 입니다. 빈부격차, 성별, 나이 등의 갈등 지수가 세계 1위 입니다. 2021년 전경련 발표에 따르면 정치, 경제, 사회의 갈등 지수는 OECD 국가 중 최상위권이지만, 갈등 관리 능력은 30개국 중 27위 입니다. 정치권과 정부도 손 놓고, 아니 격렬한 갈등이 기득권에 유리하다고 판단해서 갈등을 조장하고 있습니다. 조정이나 해소가 아니라 갈등이 증폭되고 있는 한국 사회 입니다. 특히 정치권은 갈등의 조정자가 아니라, 갈등의 조장자 입니다.

 갈등과 20대 기질을 일시적인 것으로 치부하면 안 됩니다. 다음 단계로 나아가기 위해서는 갈등을 조정하고, 20대를 이해하는 새로운 사회 구조를 만들어야 합니다. 21세기에 맞는 권력 구조와 이권 구조의 변화와 생각이 필요 합니다. 20세기 정답을 강요하는 교육과 기득권 세력의 공고화와 이권만 보장하면 오답 사회가 됩니다. 기득권 권력과 이권 편중의 수호는 20대에게 절망을 주고, 갈등이 증폭되어 결국은 공멸 입니다. 20대의 요구는 기득권의 이익과 위계 사회의 탈취나 붕괴가 아니라, 신진 세력과의 이익 분배를 통한 자연적인 권력 조정이고 갈등의 완화 입니다. 이것은 협상과 조정으로 가능해야 합니다. 그래야 공존과 공생이 가능하고, 함께 나갈 수 있습니다.

18. 종교의 본질은 무엇인가?

1998년은 IMF(International Monetary Fund) 사태 시기 입니다. 대한민국이 경제적으로 육이오 이후로 가장 힘든 때 였습니다. 일제 강점은 나라의 주권 상실 이었지만, IMF 사태는 나라의 경제권 상실 입니다. 삶의 대부분은 경제가 결정하고, 국가도 크게 다르지 않습니다. 이때 미국 오하이오 주의 오하이오 주립 대학에서 객원 교수로 1년 동안 있었습니다. 미국에서 일요일에는 한인 교회에 갔습니다. 원래 아내는 가톨릭이었고, 나는 무신론자라 관면혼배(Coronal Hybridization)해서 나중에

믿기로 하고 결혼 했습니다. 학교에 재직하시는 분 중 아는 분이 있었고, 그분이 개신교인 이었습니다. 그분이 소개해 준 교회에서 초창기 도움도 많이 받아서 그냥 다녔습니다. 교회 예배 끝나고, 교제 시간이 있어서, 빵을 먹으며 이야기하고 헤어 집니다. 교회 다니던 분과 알아서 미국 운전면허 필기시험 족보도 받았습니다. 경제적으로 부족하니, 사역으로 주로 운전하며 교회에 필요한 일을 도왔습니다. 열성 입니다. 매주 수요일에는 구역 예배도 해서, 정말 제 인생에서 불러야 할 찬송가를 원 없이 불렀고, 예배 시간도 많이 가진 듯 합니다. 이 한인 교회도 나름 고생을 했고, 이제는 안정기에 접어든 듯 합니다.

교수도 노후를 걱정 합니다. 농으로 교수 3-4명이 너무 유명하지 않고, 너무 못 나가지도 않는 적당한 교회를 인수해서, 월급 목사를 채용하고 운영하면 된다고 합니다. 목사님이 오래 있으면 교인들과 영적 관계가 형성될 수 있으니, 2년 내지 3년 안에 새 목사로 교체해야 한다고 합니다. 3년 넘으면 안 된다고 합니다. 교회는 회계 검사를 안 받으니, 몇몇 충실한 사람만 앞세우면, 헌금 전용이 가능하다니, 어쩌니?하며 이야기도 했습니다. 쉬운 일이 어디 있겠는가만, 이런 이야기도 했습니다.

미국 객원 교수 시절인 1998년, 차고 세일에서 미국인을 만났습니다. 자기는 통일교도인데 한국 말을 못 해서, 나는 영어를 배우고 자기는 한국 말을 배우고 싶다고 했습니다. 그러자고 했습니다. 몇 번 가서 서로가 가르치고 배우고 했는데, 영어가 하루 아침에 될 일도 아니고, 다소 그랬습니다. 서너 번 만나서 이야기 하다가 끝났는데, 선입견의 결과인지 모르지만 후회는 없습니다.

개신교이든 가톨릭이든 종교의 기본은 희생이라고 생각 합니다. 한국이든 미국이든 교회 발전사는 이런 것 같습니다. 먼저 교회를 세워서, 본 건물 증축을 위한 헌금을 열심히 받습니다. 증축된 다음 단계에는 주차장 확장을 위해 성금을 또 걷습다. 주차장이 웬만큼 확장되면 다시 본 건물이던 부속 건물이던 증축 헌금을 또 걷습니다. 이렇게 확장하고 나면 해외 선교 활동을 한다고 합니다. 선교 활동은 매년 하니 헌금 쓰기가 쉽다고 합니다. 헌금 사이 사이에 할렘가(빈민가)를 도와준다고 설교에서 헌금을 강조 합니다. 홍보와 설교는 크게 하지만, 빈민을 위한 비용은 대개 총 헌금의 2% 내외로 생색내기 수준 입니다. 이게 전형 입니다.

종교의 기본은 희생이지만 희생은 별로 안 보입니다. 성부, 성자, 성령의 신앙은 보이지 않습니다. 아닌 곳이 더 많겠지만, 교인들의 헌금으로 세운 교회를 자식에게 대를 이어 물려주는 곳이 한국교회 입니다. 종교는 방황하는 신도에게 희망을 주지 못하고, 위로와 평화도 주지 못 합니다. 종교는 말씀 입니다. 설립자 혹은 구원자의 말을 전하며, 구원자의 권능(Power)을 전제로 위로와 믿음을 부여하는 말씀의 종교 입니다. 이제 사람 그 누구보다도 말을 제일 잘 하는 것은 AI(인공지능) ChatGPT 입니다. 위로와 믿음은 권능(Power)과 공감(Sympathy)이 있어야 합니다. 권능 없이 말만 잘하는 것은 사기꾼 입니다. 한국인은 권능만으로 설득되지 않습니다. 공감이 수반되어야 그들의 추앙을 받습니다. 권능이 있으려면 절대적 권한을 받거나 근거를 제시해야 합니다. AI ChatGPT에는 하나님과 같은 절대적 권능은 없지만, 근거(?)를 잘 대서 신뢰성을 높이고, 이것이 권능을 가져오고 결국은 공감과 믿음을 줍니다. 스님, 목사님, 신부님 말씀보다 AI ChatGPT에서 더 영혼이 위로 받는 공감과 믿음을 얻을 수 있습니다. 21세기 인간은 인간 종교자보다 AI ChatGPT로부터 공감과 믿음을 얻을 수 있습니다. 인간은 취약합니다. 그래서 종교가 탄생했다고 합니다. 취약한 동물인 인간이 지적 및 예술적 갈구 이상으로 종교적 갈망도 크다는 것을

AI는 압니다.

예술에 대한 편견도 적고, AI 기술로 감동을 주어서, AI ChatGPT가 문화계에 충격을 주고 있습니다. 종교와 예술은 인간적이고 창의적이어야 한다는 편견이 있지만, 종교와 예술에도 AI가 스며들어 근거와 창의성 보여주며 더 좋은 말씀과 믿음, 그리고 감동과 공감을 주고 있습니다.

한국인의 약 50(혹은 60)%는 무신론자 입니다. 나머지 20%가 개신교, 10%가 가톨릭, 15%가 불교, 5%가 기타 입니다.

예수님이 우리의 죄를 사하고 가셨습니다. 그런데도 우리에게는 여전히 남은 원죄(Original Sin)가 있다고 합니다. 이 남은 원죄에서 구원받기 위해 기도하고, 헌금하고, 봉사하고, 희생해야 한다고 합니다. 구원(Save)받아야 한다고 설교 합니다.

우리는 은총(Grace)의 대상인가?
우리는 구원(Save)의 대상인가?

은총(Grace)은 교인 개인의 의지와 무관한 예수님, 하느님의 선택 입니다. 구원(Save)은 예수님, 하느님과 무관한 개인 의지와 노력으로 천당에 가는 것입니다. 1517년 마르틴 루터가 종교개혁(Reformation)에서 내세웠던 종래의 구원주의(Salvationism)를 타파하고, 즉 면벌부 판매의 타락을 직시하며, 복음주의(Evangelism)로 돌아가자는 것이 종교개혁 입니다. 한국교회는 복음주의를 바탕으로 하는 은총(Grace)을 표방하는 개신교(Protestantism) 입니다. 그런데 한국교회는 구원주의에 머물고 있는 것은 아닌가? 하는 생각을 합니다. 리처드 도킨슨은 《만들어진 신》이라는 책에서 종교의 폐해에 대해서 지적하며, 종교가 없었다면, 세상은 더 나아졌을 것이라 합니다. 어떤 철학자는 종교에 구원주의(Salvationism)가 없다면 종교 설립은 물론이고 종교 자체가 부정 당했을 거라고 합니다.

예수님은 산에서 설교하셨고, 교회를 그다지 선호하지 않았습니다. 신과 연결되려면 굳이 교회가 필요치 않고, 아무도 보지 않은 곳에서 기도하라고 했습니다. 교회를 단일 창구로 한 것은 비즈니스 전략이었고, 교리가 어려워야 승려와 성직자에게 권위를 주어 신도들의 기부를 늘릴 수 있었습니다. 초기의 석가는 쉬운 말로 중생을 수행시켜 세상의 도리를 설명 했습니다.

15세기 대항해 시대에 예수님의 하나님 말씀을 전파하기 위해 우선해서 파견한 사람이 성직자 였습니다. 이어서 군인과 경제적 수탈자가 들어가서 하나님 말씀과 증거 대신 재화와 화폐를 가져왔습니다. 이것이 대항해 시대, 제국주의 시대에 성직자가 했던 일 입니다. 종교의 시작은 길 잃은 중생에게 위안과 평화를 주는 것이었지만, 오늘날 종교는 돈의 비즈니스와 밀접한 관계를 맺고 있습니다.

무신론자, 냉담자가, 더 나아가서 종교를 믿는 이도 추앙하는 것은 무엇일까요?

절대자인 신을 믿던 중세가 프랑스 대혁명을 거치며 신의 세계는 종말을 맞이 합니다. 1793년 1월 21일 루이 16세, 같은 해 10월 16일 마리 앙투아네트가 단두대에서 처형 됩니다. 예수의 십자가 처형 일에, 예루살렘 골고다 언덕에 먹구름이 끼고, 바람이 불며, 비가 내립니다. 하느님은 슬프고, 분노 합니다. 그러나 신의 아들이라는 루이 16세의 1793년 1월 21일, 신의 며느리인 마리 앙투아네트의 10월 16일, 이들이 단두대에서 처형 되었지만, 아무 일도 일어나지 않습니다. 사람들은 신이 있는지 없는지는 모르겠지만, 루이 16세는 신의 아들이 아니라는 것을 알게 되었습니다. 이로써 왕권 신수설을 내세운 왕정의 중세는 종말을 맞이하게 되었습니다. 니체는 신은 죽었다고 이야기 합니다. 중세는 절대자인 신의 존재를 믿었기에, 심지어 왕까지도 파문을 두려워 했습니다.

이제는 신을 믿지도, 심지어 두려워 하지도 않습니다. 그냥 의무적으로 가는 사람들, 상업적 관계 때문에, 소외가 두려워서, 소속감이 필요해서 가는 사람들이 많습니다. 이들은 무엇을 추구 할까요? 화폐, 돈 입니다. 그들에게는 화폐가 신 입니다. 절대적 가치였던 중세의 신에 대하여, 그동안 상대적 가치였던 화폐가 절대적 가치로 바뀌었습니다. 인간의 욕망을 대변해 주는 절대 가치, 무소불위의 가치가 화폐 입니다. 자본주의 제도에서는 더욱 그렇습니다.

그럼에도 불구하고 종교를 진실하게 믿는 사람들이 있습니다. 특히 자본주의에 덜 노출된 동유럽 사람들이 진실하게 신을, 종교를 믿습니다. 눈동자에서 기도하는 자세에서 신앙심이 느껴집니다. 목회자는 이들에게 답을 주고, 이들의 모범이 되어야 합니다.

종교의 기본, 원천은 자기 희생 입니다.

신부님, 목사님, 스님이 이것을 실천하는 곳이면 종교 기본에 충실한 곳입니다. 자기 희생의 신념이 없는 신부님, 목사님, 스님은 종교인이 되면 안 됩니다. 자기 발전을 위한 분은 사업하기를 기도 합니다.

위정자도 마찬가지 입니다.

국민을 위하지 않고, 이것을 기회로 자기 이익을 도모하는 사람이 많습니다. 이분에게도 사업을 추천 합니다.

국민 세금은 국민 복지와 국가 경쟁력에, 사업 소득은 사업자에게, 이것이 기본 입니다.

19. OECD 최고 소득과 한국 위기는?

    대한민국 1인당 국민소득이 3만$가 넘었습니다. 6.25가 종전된 1953년에는 1인당 명목 국민총소득(GNI: Gloss National Incom)이 67$였던 세계 최빈국에서 3만$ 이상까지 높아졌습니다. OECD(Organization for Economic Cooperation and Development), 경제협력개발기구 회원국도 되었습니다. 해방, 육이오, 4.19, 5.16, 베트남전 참전, 1, 2차 오일 쇼크, 광주 민주화 운동, 신군부, 민주화, IMF(International Monetary Fund: 국제통화기금) 사태, 세계 금융위기, 그리고 우크라이나-러시아 전쟁을 거쳤습니다. 글로 쓰기는 쉽지만, 굴곡 굴곡이 눈물과 희생, 그리고 도전의 극복 기록 입니다. 육이오 전쟁을 제외한 가장 큰 사건은 보호주의 한국이 경제 주권을 상실한 IMF 사태일 것입니다. IMF 사태로 금융 자본 개방화와 신자본주의에 노출된 한국경제 입니다. IMF 사태로 한국경제 시스템이 완전히 바뀌었습니다.

모든 것은 하루 아침에 되지 않습니다. 피와 땀과 눈물과 노력, 그리고 많은 희생이 있었을 것입니다. 이러한 것들이 있었기에 하나씩 꽃이 피는 것입니다. 국제 사회에서 제품들과 함께, 영화, 게임, 음악, 그리고 K-방산 등 열거할 것이 많습니다. 한국인을 위한 국뽕도 있겠지만, 그래도 대한민국이 많이 성장했다는 것을 우리는 압니다.

국민소득 기준으로는 3만$를 넘어 선진국에 진입했지만, 사회적, 외교적, 경제적, 정치적으로 선진국이 되었는지는 되돌아 보아야 합니다. 소득 기준으로는 선진국에 진입 했지만, 기타 분야에서는 선진국과 거리가 있습니다. 4대 연금 대부분이 적자입니다. 자산가치가 급등하고, 청년 실업률이 높아 청년층이 결혼을 미루거나 안 합니다. 수명 연장으로 고령층이 증가하고 있습니다. 청춘과 중장년 시대를 모두 바쳐 열심히 일 했지만, 사회 시스템의 뒷받침이 없기에 70세까지 일을 해야 합니다.

한때 집에서 식물을 키웠습니다. 화분 갈이 때가 되면, 영양과 수분을 찾는 식물의 잔뿌리가 너무 많고, 엉켜 있는 것을 봅니다. 살기 위한 투쟁이 애처롭기까지 합니다. 뿌리가 60대 이상 입니다. 기둥과 줄기가 50대 40대 입니다. 가지가 30대 입니다. 잎과 꽃이 20대 입니다. 공기와 햇빛과 수분이 20대 이하 연령의 자식들 입니다. 퇴직은 했고, 자산은 부족하고, 사회 보장 시스템은 불안정하니, 60대 이상도 저임금 근로를 찾아 돌아다닙니다. 60대를 보니 30대, 40대, 50대도 불안 합니다. 잎과 꽃이 예전 같지 않습니다. 번식을 안 합니다. 모두 고사 합니다. 대한민국이 이렇게 되어서는 안 됩니다.

눈에 보이는 것 외에도 생각할 점이 많습니다. 한국은 압축 성장했고, 그 성장의 전제는 보호주의와 국산품 애용 입니다. 현재의 기득권이라고 볼 수 있는 40대 이상은 IMF 사태를 체험한 세대 입니다. IMF 사태 이전에 보호주의 그늘에서 교육받고 성장한 세대 입니다. 냉혹한 국제 질서에 적응력이 부족 합니다. 특히 50대 이상은 기득권이고, 대한민국의 책임자이지만 국제 관계에 너무 무지 합니다. 보호주의는 국가 성장이 국가(정부), 기업, 국민(가계)의 3축으로도 성장할 수 있다는 의미 입니다. 해외 경제를 오직 수출하는 경우만 생각 합니다. 이제 한국은 개방화 되었고, 내수 비중이 작은 세계 교역 국가이기에 해외 경제, 대외 경제가 큰 비중을 차지 합니다. 한국은행 통계에 따르면 2022년 1분기 국내총소득(GNI) 대비 무역 의존도는 79.7%로, 우리보다 높은 곳은 네덜란드(156%), 독일(89%), 멕시코(82%) 뿐입니다. 세계 4위가 한국 입니다. 수출입 비율이 미국이나 일본에 비해 한국은 2배 가량 높습니다. 그만큼 해외 경제에 취약하지만, 답도 역시 세계 뿐입니다. 위정자들이, 특히 법을 제정하는 사람들이 한국경제에서 해외 경제가 차지하는 비중을 이해해야 합니다. 그래서 법과 제도를 개선해서 국제기준(Global Standard)에 맞게 고쳐야 합니다. 국제기준이라는 것은 우리의 국내 기업과 외국 기업들을 동등하게 대하자는 것이 아닙니다. 우리 기업이 국내에서 국외에서 불이익을 받지 않도록, 우리 기업의 대내외 경쟁력을 뒷받침하겠다는 우리의 의지가 국제기준 입니다. 진정한 국제기준은 없습니다. 자국 기업 우선주의를 국제적으로 미화해서 표현한 것이 국제기준 입니다. 세계는 자국 기업을 우선하는 보호주의를 강화하고 있습니다. 1995년 설립한 세계무역기구(WTO)는 회원국의 무역 자유화를 통한 세계의 경제 발전이 목표 였습니다. 이제 미국은 WTO (World Trade Organization)에 관심이 없습니다. WTO가 미국에, 미국 기업에 이익이 되지 않는다는 것을 알았기 때문 입니다. 이것이 강국의 국제기준 입니다.

2022년 5월 조세재정연구원 분석에 따르면 우리나라 실효세율(지방세 포함)은 2019년 21.4%로 미국(14.8%), 일본(18.7%), 영국(19.8%) 등에 비해 높습니다. 우리는 압니다. 기업체 성장에 따른 낙수 효과는 없고, 낙수 효과는 정치적 구호라는 것을 압니다. 기업은 사업 환경을 우선으로 하지 법인세 낮춘다고 투자하고, 고용을 증가시키지 않는다는 것을 압니다. 서민 경제에 알맹이가 없습니다. 기업체 없는 서민 경제는 정치가의 구호 입니다. 애석하지만 대한민국의 최첨단 기업도 해외 경쟁에 힘들어 합니다. 내수에 신경 쓰기 어렵습니다. 그래도 우리를 지킬 일차 방패가 국내 기업체 입니다. 국내 기업체가 대한민국의 병풍이라는 것을 알아야 합니다. 국민 개개인에게 낙수 효과는 없지만, 대한민국의 외풍을 막아줄 일차 방패가 국내 기업체 입니다. 표를 의식한 서민 경제, 부자 감세 구호보다는 국내 기업체가 외국 업체와 경쟁할 수 있도록 국제기준(Global Standard)에 맞는 제도를 확립해야 합니다. 국내의 불

합리한 기준으로 국내 기업체를 외국으로 나가도록 종용해서는 안 됩니다. 대한민국에서 기업체들이 성장하도록 정치가 지원해야 합니다. 이것이 서민 경제이고 서민 정책 입니다. 세상은 불공평 합니다. 불공평한 세상이기에 최소한 비빌 언덕이 필요 합니다. 국내 기업체가 없는 대한민국은 불공평을 논할 판 자체가 없는, 비빌 언덕도 없는 후진국일 뿐입니다. 법을 만드는 정치가 국내 기업을 적극적으로 지원했으면 합니다.

노동자의 건강권 보장과 저녁 있는 삶을 구호로 했던, 주 52시간 근무제가 변하고 있습니다. 기업체에서는 일할 시간이 부족하다고 합니다. 2021년 한국의 연간 노동시간은 1,910시간으로 경제협력개발기구(OECD) 회원국 중 4번째로 많습니다. 경제협력개발기구 연간 평균 노동시간은 1,716 시간 입니다. 생산성을 우선하지 않고, 20세기 방식의 인력과 시간을 투입하려는 사고에서 벗어나지 못하고 있습니다. 국회 예산정책처에 따르면 2023년 경제협력개발기구의 시간당 노동생산성은 평균은 64.7\$이고, 한국은 49.4\$로 경제협력개발기구 38개국 중 33위 입니다. 독일 88.0\$, 미국 87.6\$, 일본 53.2\$보다 대한민국이 낮습니다. 저 출산으로 인력도 줄고 자본 투입도 감소해서, 21세기 한국의 경제 성장율은 노동 생산성 증가에 달려 있습니다.

한국은 제국의 경험, 즉 타국을 지배하거나 영향력을 행사한 적이 없습니다. 제국주의 혹은 식민주의는 국경 밖으로 자국의 국가 주권을 확대해서 영향력과 지배력을 확대하는 것을 말 합니다. 처음에는 군사적 측면으로 시작 하지만, 정치적 측면, 경제적 측면, 그리고 문화적 측면의 순서로 자국 주권을 확대하는 것이 제국주의 입니다. 여기에 강압도 있지만, 타협과 양보도 필요 합니다. 제국이었던 것이 자랑도 아니지만, 대한민국은 제국이 되어 본 적이 없습니다. 그래서 대한민국은 대한민국의 이익만 추구하다 보니 한국 외교는 폭이 좁습니다. 소국은 타국에 대해 단기적 전술적으로 생각해서 이익이 있으면 친구이고, 동지이고, 전우라고 합니다. 그러나 이익이 없으면 남이고 적 입니다. 제국은 단기적으로는 이익이 없는 손해일지라도, 장기적으로 전략적 가치가 있으면 투자하고, 친구이고 아군으로 생각해서 지원을 아끼지 않습니다. 우리의 시야는 전략적이라고 할 수 없어서, 외교 전선은 미국, 중국, 일본 밖에 없습니다.

미국이 원하면 한다.
중국이 싫어하면 안 한다.
일본이 요구하면 침묵 한다.

소위 상전 외교, 심기 외교, 침묵 외교 입니다. 물론 미국, 중국, 일본, 러시아와 같은 4강의 지정학적 중심에 대한민국이 있고, 이들의 영향을 받기에 이들 국가와 긴밀히 협력해야 합니다. 대한민국은 크지 않고, 제국적 경험이 없더라도 생존을 위해서 전략적 사고가 절실히 필요 합니다. 무력 행사나 영토 확장과 같은 제국적 행위가 아닌, 장기적이고 전략적인 제국적 생각을 가져야 합니다. 4강 이외의 다른 국가들이 우리의 시장이 될 수는 있지만, 협력자, 동반자가 될 수 있다는 생각이 빈약 합니다. 자원이 취약하고 땅이 좁아서 우리는 인력과 기술 뿐입니다. 인구가 줄면 기술도 위협 받습니다. 부족한 사회 시스템이 더욱 취약 해집니다. 세계는 약육강식의 원리가 지배한다지만, 먹히는 것을 걱정하는 나라들이 있습니다. 또 역사적, 종교적, 그리고 발전 모델로서 대한민국에 호감을 가진 나라들도 많습니다. 이들이 우리의 동지이고, 협력자 입니다. 외교의 지평을 넓히고, 우리와 공감할 수 있는 국가를 찾아야 하고, 실제로도 많습니다. 무력 행사와 같은 제국적 행위가 아닌, 장기적이고 전략적인 사고를 갖고, 이들과 도움을 주고, 도움을 받는다면, 상호 호혜의 정신이면 대한민국은 강소 국가가 될 수 있습니다.

또 다른 위기는 탄소 중립(Carbon Neutrality) 경제 입니다.

다른 말로는 탄소 제로(Carbon Zero)이고, 지구 온난화 문제를 의미 합니다. 탄소 발생이 없는 수소, 태양광, 풍력 등의 친환경 에너지를 사용해서 화석 연료 사용에 따른 탄소 발생이 없도록 하거나, 발생된 탄소를 저장 혹은 재생하는 것입니다. 들판과 지붕 위의 태양광 전력과 산과 바다의 풍력 발전이 친환경 전력 입니다. 자연 조건 지배적이라 운영에 어려움이 많습니다. 수소 경제는 아직 활성화 되지 않았습니다. 수소 경제가 중요한 이유는 대기 중에 CO_2 배출이 없는 청정 에너지로만 중요한 것이 아니고, 풍력과 태양과 같은 자연적, 단속적 청정에너지를 보완할 수 있기 때문 입니다. 대한민국은 세계 7위의 탄소 배출국 입니다.

일본 후쿠시마의 원자력 사고를 기점으로 세계가 원자력 위험을 제거하기 위해 원자력 폐기를 정치 구호로 약속 합니다. 한국도 여기에 동참 했습니다. 경제를 지탱하고 유지하는 에너지 위기 입니다. 아랍에미리트(UAE: The United Arab Emirates)의 1,000디나르(약 35만 원) 화폐에 대한민국이 수출한 원자력 발전소가 도안 됩니다. 우리 기술이 외국 화폐에 도안 된 최초의 사례 입니다. 최초의 사례일 뿐 아니라 화폐 도안에 채택된다는 의미가 작지 않습니다. 에너지 밀도가 높고, 원자력 폐기물 문제로 원자력 위험은 작지 않습니다. 그러나 탄소 중립 경제를 위한 수소 경제가 활성화 되기까지, 한국에서 원자력 이상의 대안을 찾기가 쉽지 않습니다. 수소 경제는 2030년 대는 되어야 개화 될 것으로 예측 합니다.

원자력도 일정 부분 필요하지만 시급한 것은 재생 에너지 입니다. 국가의 준비 부족으로 국내 기업들이 탄소 국경세와 같은 세계 탄소 경제의 유탄을 맞고 있습니다. 프랑스는 탄소 발자국을 근거로 유럽 산 이외의 전기 자동차 수입을 억제하고 있습니다. 안전에 많은 신경을 쓰며 새로운 발전 환경 구축이 필요 합니다. 배터리, 모빌리티, 물류, 우주 산업 등이 한국과 세계에서 신기술 태동기이지만, 에너지 없이는 불가능 합니다. 특히 재생 에너지를 대표하는 RE-100(Renewable Electricity 100%)을 고려해서 원자력 에너지를 추진해야 하는데, 원자력 일변도 입니다. 그렇다고 원자력 폐기물에 신경을 쓰는 것도 아닙니다. RE-100, 원자력 에너지, 원자력 폐기물을 고려하는 에너지 정책이 필요 합니다. 국가 지도자가 효과가 금방 나오고, 좋고, 인기 있는 것만 할 수는 없습니다. 그것은 국가 경영도 아니고 결국은 나라가 어렵게 됩니다. 대한민국은 작지만, 무시할 정도로 작지는 않습니다. 유사 개념으로 ESG(Environment,

Social, Governance)도 있습니다.

   정치 위기와 국가의 리더십 부족이 한국의 위기 입니다. 어제와 오늘 일이 아닙니다. 김대중 대통령 이래로 정치 위기는 일상이 되었고, 여야의 대립은 극한에 이르고 있습니다. 국민을 위한다지만 국가의 미래와 국민의 삶에 대한 안녕보다는 오직 공천권에만 목맨 충성 경쟁이 주를 이루고 있습니다. 성공의 영광만 기억하는 선진국 함정 이상의 위험이 정치권 입니다. 말 뿐이지 누구도 책임지지 않습니다, 대통령은 야당을 탓하고, 야당은 여당과 대통령을 탓 합니다. 책임의 분산 입니다. 그러나 이와 같은 분산 책임은 아무도 책임지지 않고, 방기하는 것과 같습니다. 대통령 선거와 국회의원 선거를 동시에 실시해서, 책임 정치의 기반이라도 다져야 합니다. 대통령 중심제의 독주를 방지하고자 한다면 국회의원을 대통령 선거에 맞추어 50%, 대통령 임기 중간에 50%를 뽑아도 됩니다. 아직 대한민국의 선거 제도는 굳건하니, 못하면 다음 선거에서 심판하면 됩니다. 동시 선거에 대한 논의는 잠깐 나왔다가 사라지고, 논의도 없습니다. 대한민국 위기는 정치이고, 아무도 책임지지 않는 시스템이 문제 입니다. 너도 잘못했고, 나도 잘못했으니, 모두의 책임이라고 합니다. 아무도 기대하지 않는 정치를 왜 하는지 모르겠습니다.

섬에 가서 자기들끼리 열심히 싸우면 될 것을! 법은 국회의원이 만듭니다. 그래서 사회에 존재하고, 위기를 키웁니다. 정부는 규제와 세금으로 운영되고, 국회는 규제보다 상위의 법을 만들 수 있습니다. 그러면서도 정치권은 공천권에 목숨을 걸고, 국가와 국민의 삶에 무관심한 듯 보입니다. 2024년 KBS 보도에 따르면 국회의원 연봉은 1인당 국내총생산(GDP)의 3.6배로 미국과 일본보다 높습니다. 월급 기준으로 약 1,300만원 입니다. 국회의원 연봉은 국민과 함께하는 GDP의 2배 이내가 적정 합니다. 그래야 국회의원도 노력하고, 공천권보다는 국민을 먼저 생각 합니다.

대한민국은 디지털 세상으로 바뀌었습니다. 그런데도 정치권만은 좌파, 우파, 그리고 보스 정치로 이야기되는 해방 후의 정치 지형 그대로, 아날로그 지형 그대로 입니다. 아날로그 정치에서 한발도 나가지 않습니다. 나가기를 거부 합니다. 지금이 제일 좋다고 합니다. 20년 정도 지나면 강산이 10번 변한다는 100년 입니다. 100년 동안 안 바뀌고, 일관되게 아날로그 정치를 해도 생존할 수 있는 정치 행태가 신기하기까지 합니다. 철밥통이라는 대학도, 공무원 사회도 디지털로 전환되고 있고, 전환에 몸부림치고 있습니다. 정치권만 무풍지대, 80년 전이나 지금이나 일관 되게 같습니다. 공대생도 정치 개선안을 제시 합니다. 공대생의 정치 참여가 비정상적이지는 않지만, 공대생은 제품과 연구 개발만 하기에도 여력이 없습니다.

우수 인재가 몰리는 의사직업군(의사, 치과의사, 한의사)이 대한민국 위기의 정점이 되고 있습니다. 청소년이 의사 직업을 원하는 이유는 낮은 연봉과 인상률, 그리고 미래의 불안정성 때문입니다. 의사는 내수용 전문가이고, 세계에서 경쟁할 혁신가는 공대생 입니다. 세계에서 경쟁할 것을 누구도 의사에게 기대하지 않습니다. 혁신은 모험이고 도전이지만, 사람의 생명을 두고 모험과 도전하기를 원하는 곳은 없습니다. 산업과 공학기술 경쟁에서 타국은 혁신가가 나오는데 대한민국은 전문가가 나오니, 경쟁에서 밀리고 대한민국은 쇠퇴 합니다. 의료인의 절대 숫자가 부족해서, 연봉이 비정상적으로 높아서, 공대와 산업계에 필요한 혁신가급 우수 인재가 내수용 전문 의사 직업에 몰리고 있습니다. 전문가 역할은 상위권 학생이면 충분 합니다. 공공재인 의료업을 시장 논리로 상품화해서 접근하니, 의사 연봉이 끝이 없습니다. 병원 행정가와 간호사, 그리고 의료기기를 운영하는 기사가 구축한 의료보조 시스템은 의사들 몫이 아니고, 약자인 환자를 위한 것입니다. 그래서 내수용 전문 의사들은 경제협력개발기구(OECD) 회원국 평균 임금이 적절합니다.

2006년 이후 3,058명의 의과대학 정원은 동결상태 입니다. 2020년 7월의 중앙일보 기사에 의하면 대한민국 1,000명당 의사 수는 경제협력개발기구 평균 3.4명보다는 적은 2.0명(한의사 0.4명 제외) 입니다. 2.0명은 최하위 입니다. 서울과 수도권에 의사 53.6%가 있어서 지역 편차도 큽니다. 의사 수가 절대적으로 부족하니, 평일 근무하던 대형 병원 내 간호사가 실신 사망하고, 응급 환자는 의사를 찾아 돌아 다니고, 특수 분야 역학 조사관과 중증 및 소아외과 의사도 부족하고, 필수 전공 의사들은 격무에 시달리고, 의료 인력의 지역 편차 문제도 심화하고, 연구 교수도 1% 이하로 부족 합니다. 그러나 연봉은 대한민국 수준을 초과해서, 경제협력개발기구(OECD) 국가 중 최고로 많습니다. 2022년 서울대 김윤 의과대학교 교수 추정치에서 의사의 평균 수입은 3억6천만원 입니다. 근로자 평균 임금은 4천3백만원 입니다. 그래도 격무를 피하고, 연봉을 더 높이려 필수 학과를 기피하고, 비 필수 학과인 피부과, 안과, 성형외과, 정신과를 우선해서 지원하고 있습니다.

서울대 병원 공공보건의료사업단 팀이 분석한 자료에 따르면 국내 의사의 상대 노동량은 경제협력개발기구 평균의 3.37배 입니다. 2020년도 경제협력개발기구 회원국 중 의사와 간호사의 급여 비율은 2~2.5배 정도이지만, 대한민국은 4.86배 입니다. 경제협력개발기구 회원국들의 평균 병상 수보다 4배나 많아서 과잉 진료가 우려 됩니다. 의사 면허 대비 활동율은 83%로 보건 의약 인력 가운데 최고 수준 입니다. 그래도 의사가 부족하다고 아우성 입니다. 2023년 6월 4일자 Jtbc 보도에서 국민 1인당 외래진료 횟수는 세계 1위인 14.7명으로 경제협력개발기구 회원국의 평균 5.9명보다 월등히 높습니다.

의사들은 의사고시 문턱을 넘으면, 절대 약자인 환자들만 상대하고, 의사 수가 적어서 간판만 걸어도 기본 수익이 됩니다. 대한의사협회는 여러 이유를 대지만, 의사 수 증원 반대는 의사들 수익 감소 입니다. 의사 수 부족은 수익을 우선한 이익 단체이며 기득권인 대한의사협회에 끌려 갔던 정부가 원인 이었습니다. 그들 만의 이권 사수에 총력을 기울이는 곳이 이익 단체이고 기득권인 대한의사협회 입니다.

교육개혁한다고 합니다. 경제협력개발기구 회원국 중 최고 연봉인 의사 정원 증가 없는 개혁은 의미가 없습니다. 의사 입학 정원을 늘리면 이 분야로 인력 집중이 더 될 것이고, 이들이 졸업하는 11년 후나 의사 증원 결과가 나온다고 대한의사협회는 증원을 반대합니다. 아닙니다. 내수용 전문가인 의사 연봉이 국가 수준에 맞는 경제협력개발기구(OECD) 회원국의 평균 연봉이 되도록, 경쟁(Competition)과 도태(Selection)가 가능하도록 의사 입학 정원을 증원하면, 우수 인력이 공과대학으로 분산 배치 될 수 있습니다. 소수의 의사 증원은 내수용 의사 카르텔(Kartell)을 더 공고히 해서 연봉만 높일 뿐이고, 세계에서 경쟁할 혁신가가 필요한 공대의 인재만 흡수할 뿐입니다. 내수용 의사 직업에 혁신가 수준의 인재가 몰려서, 세계 속에서 경쟁할 혁신가가 필요한 공대와 산업계에 인재가 부족하니, 대한민국은 위기 입니다. 인재의 낭비 입니다.

  내수용 의사 입학 정원은 국가 장기 정책에 따라 정부에서 결정해야 합니다. 의사가 직업을 못 잡는 것은 국가적 손실이라고 합니다. 아닙니다. 본인의 선택 입니다. 의사를 필요로 하는 곳은 많습니다. 다만 약자인 환자 대신 의사들 본인의 수익과 환경을 우선하기에 고르고, 또 고르는 것입니다. 대한민국에서 유일하게 경쟁이 없는 직업군이 의사직업군 일 수는 없습니다.

대한민국은 경쟁 사회 입니다. 모두들 경쟁하고 성취해서 오늘의 대한민국을 이루었습니다. 타 직업과 마찬가지로 전문가인 의사직업군에도 경쟁과 적응(Adaption), 그리고 도태 시스템이 작동해야 합니다. 국민 10명 중 8명이상이 찬성하지만, 대한의사협회가 의사 증원을 반대하고, 결과로 의사들 수입은 빠른 속도로 올라가서 연봉 수준은 대한민국 수준을 초과하는 경제협력개발기구(OECD) 회원국 중 가장 많습니다. 경제협력개발기구 회원국 중 최고의 연봉을 더 높이고자 의사 수 증가보다 진료 수가를 높이자고 대한의사협회는 주장 합니다. 이익 단체의 끝을 보여주고, 국가 경쟁력과 소명 의식은 찾을 수 없습니다.

의사 정원을 늘리면 질이 떨어진다고 대한의사협회는 주장 합니다. 20세기에는 한 대학교 내에 의과대학 다음이 공과대학 이었습니다. 그래도 부도덕한 의사 이야기는 들었지만, 의사 질(Quality)이 떨어졌다는 이야기를 들은 적이 없습니다. 지금은 전국의 모든 의과대학 다음이 공과대학 입니다. 지금 정원의 2배인 6,000명으로 늘려도 20세기 의사 입학생의 질(Quality) 이상 입니다. 실제적으로 지금의 3,058명에서 6,000명으로 늘려도 상위권과 하위권 의과대학 지원자의 대학 수학능력 시험의 실력 차는 2~3문제 차이 입니다. 시험 당일 컨디션에 따라 달라질 수 있어서 차이가 없습니다. 6,000명이 되어도 전국 4년제 입학생의 2% 이내 입니다. 의사 입학생의 질(Quality)이 떨어질 것을 걱정하고 논하는 것은 이권 단체이며 기득권인 대한의사협회의 변명이고, 자기 모순 입니다.

의사 입학 정원을 늘리면 의료체계가 붕괴된다고 합니다. 이미 한국의 의료 체계는 붕괴 되었습니다. 필수 분야에 의료인이 없는 시스템은 존재 가치를 상실한 체계 입니다. 그래도 현 체계가 좋다고 합니다. 현 체계는 의사들에게 경제협력개발기구(OECD) 회원국 중 최고 연봉을 보장하는 체계이기 때문 입니다. 의사 자질이 좋아서 현 체계로 충분하다고 이야기 합니다. 의사 자질이 좋아서가 아니고, 의료보조 시스템이 좋아서 입니다. 그러나 병원 행정가, 간호사, 분석가, 그리고 의료 장비를 다루는 기사들의 급여는 대한민국 평균입니다. 이들의 헌신을 약자인 환자 대신 의사들이 가져가서, 의사들 급여가 경제협력개발기구 회원국 중 최고 연봉이 된 것입니다. 대한민국의 의료 체계는 의료보조 시스템으로 유지되지, 의사만으로 유지되지 않습니다.

의사 정원을 늘려도 필수 학과로 의사들은 몰리지 않을 것이라 주장 합니다. 지방에 상주할 의사도 필요하고, 필수 학과를 운영할 의사도 필요하기에 이들에 대한 지원책도 있어야 합니다. 그러나 세상의 기본은 수요와 공급입니다. 공급을 이기는 수요는 없습니다. 비 필수 학과로 의사들이 몰리면 계속적으로 이 분야에 의사를 증원하면 됩니다. 그래서 몰리는 분야에 경쟁(Competition)이 있고 도태(Selection)가 작용하면 더 이상 몰리지 않습니다. 현재의 의료 체계는 의사의 절대수가 부족해서 누구나 모든 분야에서 무조건 성공하는 체계입니다.

정부는 노동조합을 개혁한다고 합니다. 그러나 이들도 경기 사이클 영향을 피할 수 없습니다. 정치권도 4년마다 국민의 평가를 받습니다. 정치권과 노조는 대한민국 초기부터 있었지만, 대한민국은 발전 했습니다. 2000년대 의약 분업 이후 급격히 목소리를 높인 강자의 집단이 대한의사협회고, 이제는 대한민국 위기의 진앙 입니다. 내수용 전문가이기에 의사직업군은 경기 사이클도 없고, 재평가도 없고, 고령화로 환자 수는 늘기만 합니다. 그러나 책임과 의무에 기반한 소명 의식은 열등 합니다. 조상들과 선후배의 노력이, 의료보조 시스템의 사회 인프라가 의사들 연봉에 크게 반영되었다는 사실을 의사들은 잊고 있습니다. 본인 능력만으로 이 자리에 올라왔다는 착각 속에 대한민국 수준을 초과하는 경제협력개발기구 회원국 중 최고 연봉을 받아야 한다는 욕심과 능력주의의 전형이 의사직업군 입니다. 대한의사협회는 의사가 사회 공공재의 한 축임에도 불구하고, 절대 약자인 환자를 볼모로 의사 수 증원을 반대 합니다.

의사가 절대적으로 부족하지만, 정부는 이권 카르텔인 대한의사협회에 끌려 다녔습니다. 공공재인 의료분야의 본업과 정의(Justice)는 의료 도움이 필요한 환자에게 의료가 제공되는 것입니다. 그런데 대한민국 정부는 공공재인 의료를 상품처럼 시장에 맡겨서, 시장 논리로 의료분야를 상품화해서, 의사들이 본업과 정의보다는 수익만 추구해서, 오늘의 사태가 발생 했습니다. 2006년 이래 동결된 정원 때문에, 순차적 점증적 대응도 못하는 정부였기에, 응축된 문제가 여기저기서 터지고 있습니다. 환자도 문제이고, 의료계도 문제이고, 교육계도 문제이고, 산업계도 문제이고, 대한민국 전체가 문제 입니다.

왜 정부가 이권 단체이며 기득권인 대한의사협회와 회의를 하는지 모르겠습니다. 이권 단체이며 기득권인 대한의사협회가 왜 국가 정책인 신입생 증감에 개입하는지 모르겠습니다. 이권 단체는 국가 정책이나 대한민국의 미래보다 수익을 우선 합니다. 처음 단추가 잘못 되었으니 이권 단체인 대한의사협회에 끌려 다녔습니다. 산업계가 어렵다고 공대생 정원을 줄이라는 이야기를 하지 않습니다.

　대한의사협회의는 의사들은 망해서는 안 되고, 본인 의사에 반해서 취업이 안되거나 쉬워서도 안 되고, 의료인의 연봉은 절대로 감소할 수 없고, 여기에 더해서 경제협력개발기구(OECD) 회원국 중 최고의 수익을 가져야 만족한다는 전제를 하고 회의를 시작 합니다. 그러니 합의도 협의도 되지 않습니다. 의료 분야도 자연 법칙인 경쟁과 적응, 그리고 도태 기능이 작용해야 합니다. 의사들도 타 분야와 마찬가지로 필요 수요의 1.5배를 배출해서 경쟁을 통해 실력 없는 의사, 능력 없는 의사, 소명의식 없는 의사는 도태 되고, 진료 외의 새로운 분야로 진출해서 파이를 키워야 합니다. 자연도 경쟁과 적응, 그리고 도태를 겪으면서 진화하고 발전해 왔는데, 대한의사협회와 전공의는 자연법칙도 거부 합니다. 대한민국은 경쟁사회 입니다.

　최상위권 혁신가가 내수용 전문가인 의사직업군에만 몰리는 상황이 대한민국의 진정한 위기 입니다. 대한의사협회와의 관계 정립이 필요 합니다. 이권 단체이기에 대한의사협회는 자문 정도에 그쳐야 하지, 국가 정책의 결정기관이 되어서는 안 됩니다. 이권 단체는 수익 의존적인 면으로 국가 정책을 결정 합니다. 그런데 대한민국의 국가 정책인 의사 입학 정원을 이권 단체이고 기득권인 대한의사협회가 결정하려 합니다. 정부와 대한의사협회는 의료 분야는 시장 논리에 따른 수익사업이 아닌 공공재이고, 의사 입학 정원은 국가 정책이기에 이권 단체인 대한의사협회가 관여할 수 없다는 기본을 인지해야 합니다. 그리고 현재의 의사직업군 쏠림 현상은 의사 입학 정원을 경쟁과 도태가 가능한 수까지 증원해서 해결해야 하고, 의사 직업에도 당연히 도태(selection)가 도입되어야, 국가와 의료계가 발전한다는 것을 알아야 합니다.

의사들은 히포크라테스(혹은 제네바) 선서에서 의료인의 윤리의식과 전문인으로서 모범이 되겠다고 선서 했습니다. 개인적으로는 헌신하고 소명을 실행하는 분이 많지만, 대한의사협회는 이권 단체이고 기득권 입니다. 의사 입학 정원을 경쟁과 도태가 가능한 수까지 증원해야 합니다. 그래야 다양한 분야로 의사들이 진출하고, 연봉도 대한민국 수준에 맞는 경제협력개발기구 회원국 평균에 맞출 수 있습니다.

기업의 목표는 이윤 추구이고, 업의 개념은 소비자를 만족시켜 이윤을 얻는 것입니다. 의사 직업의 본질은 약자인 환자를 보호하는 국민 복지와 의료 기여 입니다. 이것이 의사 직업의 천명 입니다. 수익은 목표도 아니고 업의 본질도 아닙니다. 그러나 대한민국 의사직업군은 수익을 쫓아서 이 직업을 택했기에, 히포크라테스 선서는 형식적이었고, 업의 본질은 생각해 본 적도 없습니다. 기업도 ESG(Environment, Social, Governance)나 RE-100과 같은 환경에 대한 책임, 사회적 책임, 투명한 경영을 요구 받고 있습니다.

　의사직업군이 수익만 쫓는 것은 19세기 제국주의적 낡은 사고의 전형이고, 공동체 의식 없는 철 지난 천박한 자본주의의 전형이고, 능력 있는 자가 모든 것을 가진다는 능력주의자의 전형 입니다. 의사직업군이 수익만 쫓는 것은 의료보조 시스템에 헌신하는 간호사, 분석가, 기술자, 그리고 병원 행정가의 이익을 가져가는 착취자 입니다. 소명(Mission), 정의(Justice), 공동체 의식은 고사하고, 대한의사협회는 이권 카르텔(Kartell)이며 새로운 시스템에 저항하는 기득권 입니다.

　혁신가급 인재가 제조업 대신 금융업에 몰려서 영국은 제국의 자리에서 내려왔고, 세계에서 경쟁할 혁신가급 인재가 공학과 산업계 대신 전문가 능력을 요구하는 내수용 의사 직업에 몰려서 대한민국은 쇠퇴할 수 있습니다. 가장 많이 배웠고, 최고 연봉의 직종도 더 쉬운 길, 더 많은 이익을 위해 집단화 했는데, 누가 한국 공동체를 위해 투자하고 희생 하겠습니까? 약자인 노동자가 강자인 사용자에 대응하기 위해 조직한 것이 노동조합 입니다. 대한민국의 공멸을 가져올 곳이 강자인 대한의사협회 입니다.

절대 약자인 환자를 볼모로 잡고 있고, 대한민국 수준을 초과하는 경제협력개발기구(OECD) 회원국 중 최고의 연봉을 받고 있는데 어떻게 의사가 위기이냐고 반문 합니다. 대한민국 호가 침몰하면 의사도 일반 국민도 공멸 입니다. 대한민국 국내총생산(GDP)에서 의사들의 기여도는 거의 최하위 입니다. 공동체 의식이 필요 합니다. 연금제도, 정치권, 노동 개혁보다 우선해서 해결해야 할 분야가 경쟁과 도태가 가능한 숫자의 의사 증원 입니다. 그래야만 의료 분야에 관심 있는 사람은 의료 분야에, 개발과 혁신에 관심 있는 사람은 공대로 분산 됩니다.

절대 약자인 환자를 볼모로 하기에, 정책 결정에서 국민보다 이권 카르텔인 대한의사협회 결정에 따랐던 국가가 대한민국 이었습니다. 2020년 의과대학의 입학 정원 확대 반대에 나선 전공의 파업에 대해, 의사 고시를 연기하고 다시 볼 수 있도록 지지한 곳이 대한의사협회 였습니다. 본질인 국민 복지와 의료보다는 의사들 수익 카르텔(Kartell)과 기득권을 대변하는 대한의사협회임을 분명하게 확인시켜 주었습니다. 큰 힘에는 큰 책임이 따릅니다. 대한의사협회는 의료 인프라를 독점하고, 이익만 추구하는 이권 단체 입니다.

   기업체가 가장 선호하는 시장 구조는 독점과 과점이나, 폐해가 너무 커서 공정거래위원회가 법으로 금지하고 있습니다. 경쟁과 도태가 가능한 숫자까지 의사 증원이 이루어지면 우수 인재들이 골고루 배치될 것입니다. 혁신의 상징인 애플, 구글, MS, 테슬라, Meta, 엔비디아, OpenAI, Moderna 같은 글로벌 업체를 의사 지망생이 꿈이나 꾸고 지망하는지 대한의사협회에 묻고 싶습니다. 도태(Selection) 없이, 경쟁(Competition) 없이 국내에서 잘 먹고 잘사는 것을 추구하는 곳이 대한의사협회 입니다. 대한민국 발전을 막고 진화론의 원론인 경쟁과 도태를 거부하는 이권 집단이 대한의사협회 입니다.

대한민국이 발전하고 전진하기 위해서는 제조업과 S/W 산업에 세계와 경쟁할 혁신가들이 몰려야 합니다. 대한민국이 혁신 국가, 선진 국가로 가기 위해서는, 세계 속에서 경쟁할 혁신가급 인재가 공대에서 산업체에서 꿈과 미래를 키우고, 소명 의식을 가져야 합니다. 우리는 잘 먹고 잘 살고 많이 소비하기 위해서 여기에 있는 것이 아닙니다. 지구에 우주에 기여하고, 기억되기를 원 합니다. 우주에 구멍을 내고 싶습니다.

한국의 선진국 항해에 걸림돌이 되는 것에는 경제 성장률 저하, 출산율 저하, 청년 실업률, 고령화, 정치의 후진화, 인재의 의사 쏠림, 정치적 포퓰리즘, 기득권 저항 등이 열거 됩니다. 이들은 밀접하게 연관되어 있습니다. 그동안은 경제 성장률이 높았습니다. 삶의 질이 높아지고, 수명이 연장되고, 고령화가 진행 됩니다. 대한민국이 선진국에 진입하고, 자산 가치는 급등하고, 세계적 경기 침체로 경제 성장률이 낮아집니다. 기업은 대응하려 신입 사원을 안 뽑거나 줄이고, 조기 퇴직도 실시 합니다. 청년 실업률이 증가 합니다. 2022년 고용노동부가 발표한 청년 고용률은 약 42%, 통계청 발표의 청년 체감 실업률이 약 25% 입니다. 청년 실업률이 높고, 자산 취득이 힘드니 생존을 위해 번식을 안 하려 합니다. 즉 출산율이 급감 합니다. 경제 성장률이 낮아집니다. 업의 기본을 망각한 의사들도 수익과 기득권 사수를 위해 이익 단체가 되었습니다.

표를 의식한 정치권은 선심성 정책인 포퓰리즘 정책을 남발 합니다. 여도 야도 크게 다르지 않습니다. 국가의 내일과 미래 보다는 총선과 대선에서 권력을 잡는 것만이 목표 입니다.

이 순환 고리를 끊어야 합니다. 미국은 1929년의 경제 공황을 후버 댐 건설의 뉴딜 정책, 2008년의 경제 위기를 지식정보 산업과 .com 벤처 기업 육성으로 이 악순환 고리를 끊었습니다. 대한민국의 악순환 고리를 끊을 곳은 정치권이지만, 난망 합니다. 여야의 대립은 극에 달하고 있기에 정치에 더는 기대하지 않습니다. 경쟁과 도태가 가능한 의사 수 증원이 필요 합니다. 대한민국 정체되고 혁신이 안 되는 이유는 인기에 기대는 포퓰리즘과 함께, 이권 단체와 기득권에 휘둘리는 정치권 때문 입니다. 대한민국이 안정된 선진국에 가려면, 인기와 표를 의식한 포퓰리즘 정치 대신, 역사와 국가를 생각하는 정치를 해야 하고, 이권 단체와 기득권에 타협하지 말아야 합니다.

대한민국은 선진화 되었습니다, 그러나 국민 소득 관점 입니다. 2023년 137개 국가의 국내총생산(GDP), 건강 기대수명, 그리고 삶을 선택할 자유 부분에 대한 세계행복 보고서에서 대한민국은 57위 입니다. 경제협력개발기구(OECD) 38개국과 비교하면 국민이 느끼는 행복도는 최하위 입니다. 한국보다 행복도가 낮은 국가는 그리스, 콜롬비아, 튀르키예의 3나라 뿐입니다. 대한민국의 국민소득이나 경제 수준에 비교하면 행복도가 매우 낮습니다. 국민들은 사회적으로, 외교적으로, 경제적으로, 정치적으로 선진화를 체감하지 못하고 있습니다. 국민들은 행복하지 않습니다. 진정으로 국민을 생각하는 정치, 기업을 지원하는 정치가 대한민국에 주어지기를 바라고 있습니다.

외교의 지평도 넓혀야 하고, 경제 활성화로 청년 실업률도 낮추어야 합니다. 저 출산도 대책도 필요 하고, 우수 인재의 편중도 막아야 합니다. 감탄할 만한 역사적 유물도 빼어난 풍광도 없어서, 가진 것은 인력과 기술 뿐인 대한민국은 공학기술만이 우리의 대안 입니다. 제국적 사고를 하는 창의적이고 열정적인 공대생이 많아야 세계와 경쟁 합니다. 기술을 갖춘 공대생이 일할 기회, 꿈을 펼칠 기회가 많아야 진정한 선진 대한민국 입니다.

20. 대한민국은 행복한가?

　기원전 428년, 플라톤은 아테네의 명문가에서 금수저로 태어납니다. 플라톤의 스승인 소크라테스가 삶을 숙고하며 살라고 했습니다. 권력자들의 반감을 산 소크라테스가 청년을 선동하고, 신을 모독한 죄로 기소되어, 독약을 먹고 죽는 것을 본 플라톤은 상심이 컸습니다. 아테네를 떠난 플라톤은 어쩌다 노예로 팔려 갑니다. 소크라테스의 제자였던 아니케리스가 노예인 플라톤을 발견하고, 그의 몸 값을 지불하고 자유인으로 풀어 줍니다. 플라톤은 아테네 돌아가서, 아니케리스에게 몸 값을 지불하겠다고 합니다. 아니케리스는 플라톤을 자유인으로 해 준 것이 자기 기쁨이라고 하며 거절 합니다. 아테네에 돌아간 플라톤은 이 돈을 합쳐 세계 최초의 대학, 아카데미(Academy)를 세웁니다. 그리고 교문에 이런 글을 새깁니다. "기하학을 모르는 자는 아카데미에 들어오지 마라." 멋진 말 입니다. 그 시대도 고대인이, 철학자가 보기에는 혼탁한 세상이었고, 여기에 오로지 증명이 가능한 기하학만이 완전체로 보였을 것입니다.

플라톤을 철학자로 아는데, 피타고라스의 영향을 받은 수학자이기도 했습니다. 당시 철학자는 대부분 수학자 였습니다. 기하학을 집대성한 유클리드도 플라톤의 아카데미 출신 입니다. 플라톤의 말 중 가슴에 닿는 글이 있습니다. "정사각형의 대각선 길이가 무리수라는 사실을 모르는 사람은, 인간이라는 이름 값을 못 하는 사람이다."라는 것입니다. 중학교 때 기하학 증명을 배웠고, 이것도 증명했을 것이지만 다 잊어 버렸습니다. 수년 전에 이 글을 보고, 이제야 이름 값 하는 사람 축에 듭니다. 우리는 가난 속에, 일 속에, 그리고 욕망을 추구해서 순수를 잊어, 잃어 버렸습니다.

나는 사회학과가 무엇인지 몰랐습니다. 아니 그 기능을 이해

못 했습니다. 왜 못 사는 것을 나라가 도와 주는지 최근에 이해했습니다. 가난은 개인 책임이라고 생각 했습니다. 아닙니다. 사회의 시스템에 의해 노력해도, 힘들어도 더는 어찌할 수 없는 사람을 위해 국가와 사회 시스템이 나서야 합니다. 이것이 세계 10위의 나라가 할 일이고, 사회학과의 역할 입니다. 도움 주는 사람과 도움 받는 사람, 서로가 상대방을 존중해야 합니다. 도움 줄 수 있는 사람은 능력자고, 성공한 자고, 우월한 자가 아닌 겸손을 가진 자여야 합니다. 본인의 성공 80%는 조상과 부모님이 고생하며 구축한 대한민국 인프라 덕이고, 상대적으로 운이 더 좋았다는 것을 인지해야 합니다. 도움 받는 사람도 위축될 필요가 없습니다. 당당해도 됩니다. 생계와 같은 기본적인 최소한의 도움은 당연히 국가와 사회 시스템이 해야 한다는 것을 알아야 합니다. 오늘 도움을 받아 살지만, 이것을 기반으로 노력해서, 일어나서 나도 도움을 줄 수 있는 사람이 되겠다는 의지가 있으면 됩니다. 도움 주는 사람은 겸손을, 받는 사람은 일어날 의지가 필요 합니다. 영화배우였던 고 강수연의 말입니다. 우리가 돈이 없지, 가오(체면, 품위)가 없나?

20대 대통령 및 지방 선거가 끝난 후에 지자체의 시혜성 퍼주기 기사가 종종 뜹니다. 국가나 사회 시스템에서 소외된 사람

, 힘들고 어려운 사람보다 표를 위해 예산도 없는데, 당장 모두에게 나누어 주겠다고 합니다. 이게 가능한 일 인가요? 위정자가 자기 주머니에서 자기 돈이 나가면, 저렇게 하겠습니까? 자기 주머니에서 나가지 않으니까? 세금이니까? 당장은 자기 임기 내에 영향이 적으니까? 퍼 주는 것입니다. 위정자여! 네 주머니에서, 네 돈이면 그렇게 하겠습니까? 위정자여! 네 주머니 여세요. 네 것 주세요. 우리 것, 우리 세금 말고!

  진정한 선진국으로 나라가 도약하는데 가장 큰 적은 포퓰리즘이고 부패이며 기득권 입니다. 그리고 꿈의 크기 입니다. 자원도 예산도 부족하지만, 가장 쉬운 선거 승리 전략이 포퓰리즘 입니다. 그러나 장기적으로 가장 큰 해악 입니다. 대한민국은 직접적 청탁 부패는 많이 줄었습니다, 그러나 고질적인 지연, 학연, 혈연은 여전하고, 권력층과 지도자가 더욱 공고한 카르텔을 쌓고 있습니다. 더 큰 문제는 부패를 부패로 인식하지 못하는 것이 문제 입니다. 과거의 급행료나 교통순경에게 주었던 것들을 이제는 부패로 인식 합니다. 그러나 권력자의 낙하산 인사나 권력 남용을 부패로 인식하지 못하고, 당연한 권리로 인지하는 것, 이것이 부패 입니다. 권력자의 낙하산 인사와 같은 권력 남용이 직접적인 금전 거래는 없지만, 시간 차이가 있는 대가성

뇌물이라는 인식이, 부패라는 인식이 필요 합니다. 국회의원의 과도한 특권도 부패로 인식해야 합니다. 책 출간 후 홍보와 판매 확대를 위해 책을 학계, 정계, 산업계에 보냈습니다. LG, 그리고 흥사단 이외는 답신이 없습니다. 학계, 정계, 산업계 등의 소위 사회 지도층이 대가 없이 받는 것에, 대접받는 것에 익숙한 듯 합니다. 물질에도 양심이 있기에 받았으면, 먹었으면 찍어야 합니다. 그것이 양심이고 책임 입니다. 그래서 부당하다고 생각되면 받기를 거부해야 하고, 돌려주어야 한다고 배웠습니다. 공짜 점심은 없습니다. 대접 받는 것이 부당하다고 느끼는 것, 이것이 부패를 자각하는 길이고 대한민국을 전진시키는 길 입니다. 양심 있는 행동과 책임 있는 처신이 개인과 기업, 그리고 국가의 정직도이고, 부패를 거부하는 마음 입니다. 꿈이 이루고자 하는 바가 크면 더 집중하고 노력 합니다.

1990년대 한국의 반도체가 세계 1위라고 국가 지원을 줄였습니다. 한국의 반도체는 위기 입니다. 우리는 이만하면 되었다고 안전한 길, 내 이익만을 선택해서 도전을 거부하고 있는지 되돌아 보아야 합니다. 내가 기득권이고, 기득권처럼 행동하는지 뒤돌아 보아야 합니다. 한국의 지도층은 대부분이 혁신가나 꿈꾸는 자가 아니라, 기득권의 길을 가고 있습니다. 파이를 키우기보다 파이를 나누는 것에 집중 합니다. 파이를 나누기에 집중해서 꿈이 적거나 없고, 도전보다는 안정된 성공만 생각 합니다. 나의 이익과 안정만이 목표이기에 도전 정신, 창업 정신, 기업가 정신의 가치가 유물이 되었습니다.

우리는 지하철을 타기 전에 승차권을 검사하는 기계를 반드시 통과해야 합니다. 유럽, 북유럽에 가면 승차권 검사 기계가 없는 나라가 많습니다. 승차 표를 검사하는 기계의 유지 보수도 나름 비용 입니다. 북유럽은 시민 의식이 높으니 여기에 비용을 들이지 않습니다. 대한민국은 표 검사 기계의 구입과 유지 비용보다 기계가 없어서 생기는 무임승차 비용이 더 많습니다. 그래서 표 검사 기계 시스템을 유지하고 있습니다. 즉 시민의 도덕 의식이 낮아서, 승차 표 검사 기계가 여전히 필요 합니다.

흥사단 투명 사회 운동 본부(www.cleankorea.net)에서 2019년 대한민국 청소년 및 성인(직장인)의 정직 지수를 발표 했습니다. 성인의 정직 지수는 60.2점으로 청소년의 정직 지수 77.3보다 낮게 나왔습니다. 학생들도 고등학생이 가장 낮은 72.2이고, 성인들은 19세부터 29세까지가 가장 낮은 51.8을 기록하고, 점차 증가해서 50대 이상이 66.3을 기록 합니다. 왜 가장 많은 교육을 받은 20대가 가장 정직 지수가 낮은가? 교육 받을 수록 우리는 타락 하는가? 교육의 목적은 지식 함양도 있지만, 도덕성을 교육적으로 사회적으로 경험했을 텐데, 지수는 20대에서 가장 낮습니다. 성인의 정직 지수가 청소년보다 낮습니다. 성인이 모범이 되지 못 합니다. 또한 20대의 소유욕이 다른 모든 것을 뛰어 넘는 듯 합니다. 자산은 적고, 소유욕은 높으니 정직 지수가 낮습니다. 고등학생에게 10억이 생기면 1년 정도 감옥에 가도 괜찮다는 질문의 정직 지수가 42.8%로, 57.2%는 감옥에 가겠다는 것입니다. 우리의 기준이 돈으로 결정된다는 것을, 물질주의가 크다는 것을 의미 합니다.

2023년 영국 레기툼이 세계 167개국의 번영 지수를 발표 했습니다. 대한민국의 사회적 자본 지수는 107위로, 동(남) 아시아권에서 최하위권 입니다. 대한민국의 종합순위는 29위 입니다. 사회적 자본 지수는 뉴질랜드(2위, 종합순위:10위), 베트남(19위, 종합지수:73위), 필리핀(22위, 종합지수:84위), 태국(28위, 종합지수:64위), 중국(31위, 종합지수:54위)에 크게 부족합니다. 사회적 자본인 상호 신뢰가 바닥 입니다. 공적 기관의 신뢰 지수도 167개국 중 100위로 역시 바닥권 입니다. 대한민국 통계청의 '국민의 삶의 질 2021'에 따르면 '믿을 수 있다'의 대외

신인도가 2020년에는 50.3%로 2019년보다 15.9% 하락 했습니다. 조사가 시작된 2013년 이후 최저 입니다. '도움 받을 곳 없다'는 고립감 지수도 2021년 34.1%로 매년 증가하고 있습니다. 사회 고위층과 정치권이 기득권화 되면서 본인들 이익만 챙기고 있습니다. 사회 지도층에서 내일과 미래의 비전을 기대할 수 없어서, 일반 국민은 각자 도생(Living)을 선택하는 대한민국 입니다.

　행복의 기준은 정해진 것이 아니고, 사회가 지향하는 방향과 가치관에 따라 달라졌습니다. 선사시대의 행복의 기준은 행운과 같은 것으로 우연히 운 좋게 나에게 주어진 것이 행복이라고 간주 했습니다. 고대 그리스 사회에서는 지적인 활동을 통해 지혜를 얻는 것이라 생각 했습니다. 소크라테스는 숙고하는 삶을 강조 했고, 제자인 플라톤은 철인을 통한 국가와 정치체계의 중요성을 설파 했습니다. 아리스토텔레스는 가치 있는 삶이 행복이라고 강조 했습니다. 알렉산더 대왕 이후의 헬레니즘 시대에는 전쟁과 사회적 혼란이 없는 마음의 평안이 행복이라고 생각 했습니다. 중세시대는 신앙을 통한 절대자에게 복종하고 실천하는 것을 행복이라고 여겼습니다.

우리 민족은 일찍부터 중앙집권 체제가 이루어졌기에 왕에게 충성하고 신분에 맞는 처신이 행복이라고 여겼습니다. 그런데 신분제가 없어진 산업화 이후는, 개인의 행복과 노력에 의한 성취와 만족감이 행복의 기준이 되면서, 물질적인 풍요가 중요 해졌습니다. 2023년 데이터 리서치 조사 결과에서 '대한민국은 정직한 사회인가?'라는 질문에 69.9%가 정직하지 않다고 답 했습니다. '거짓말하는 사람은 어떻게 될 것인가?'라는 질문에 52.7%가 정직하지 않고 거짓말하는 사람들이 잘 사는 사회라고 답 했습니다. 정직한 사람이 잘 되는 사회라는 답은 25.5%에 불과 했습니다. 행복의 기준에서도 48.8%는 마음에 달렸지만, 특히 20대에서는 물질적 소유나 성취가 행복을 가져온다는 비율이 43.1%로, 마음(정신)의 경우 39.6%를 앞서고 있습니다.

2023년 독일에 본부를 둔 국제투명성기구에 따르면 대한민국의 국가청렴도는 180개국 중 32위로 한 계단 내려 왔고, 경제협력개발(OECD) 38국 중 22위 입니다. 순위가 퇴보하거나 정체되는 이유는 부패를 부패로 인지하지 않고, 권리로 착각하는 사회 지도층의 의식이 크다고 생각 합니다. 낙하산 인사나 국회의원의 과도한 특권은 부패 입니다. 국가청렴도가 중요한 이유는 이것이 국가 경쟁력과 국민의식에 직결 되기 때문 입니다.

2022년도 OECD의 '국제 학업성취도평가(PISA)'에서 대한민국 학생의 학력 수준은 최 상위권인 2~3등 이지만, 삶의 불만족도는 OECD 평균인 18%보다 높은 22% 입니다. 한국에서의 삶이 행복하지 않다는 것입니다. 한국인의 57%만 행복하다고 하고, 행복도가 매년 낮아지고 있습니다. 국민 소득보다 불행한 나라가 대한민국 입니다. 행복지수 1위인 핀란드와 한국을 비교하면 삶의 선택의 자유가 56%, 사회적 지원은 75%, 사회적 관용은 89% 수준 입니다. 핀란드 알토대 교수 프랭크 마텔라에 따르면 핀란드의 높은 행복지수는 첫째가 자신의 행복을 과시하거나 비교하지 않는 것이고, 둘째는 자연의 혜택을 중시하는 태도를 갖고 있고, 셋째는 사회에 대한 높은 신뢰감이 있기 때문이라고 합니다.

2017년 캐나다 캘거리 대학 연구팀은 행복도가 권력 분배가 수평적이고, 경쟁보다는 상호이익과 화목을 추구하고, 규율과 규제가 적으며, 개인 가치와 의사가 집단에 의해 희생되지 않는 사회라고 했습니다. 대한민국은 그것들과 반대 입니다. 그래서 행복과 정직이 부족한 사회가 대한민국 사회 입니다.

위급한 상황에서 도움을 요청할 사람이 주위에 있느냐는 질문에 "그렇다"라는 답변이 OECD 최하위 국가가 대한민국 입니다. 행복을 느끼게 하는 것은 개인의 가치를 수용하는 사회적 소속감, 안정감과 같은 사회적 부 입니다. 행복은 물질적 소유에서 오는 것이 아니고, 사회적 나눔과 공통의 가치를 공유할 때 높아집니다.

서양은 기원 전에 이미 철학과 기하학 같은 형이상학으로 고민 했는데, 2천년이 지난 대한민국의 가치관 1위는 여전히 개인의 경제적 부 입니다. 형이하학에 머물러 있는 것이 아닌지 걱정 입니다. 세계 10위의 경제 대국 입니다. 대부분은 아침에 일어나서 먹고 사는 것을 걱정하지 않습니다. 그러나 부패 지수는 높고, 자유도, 신뢰도, 정의, 행복 지수는 높지 않습니다. 자유도, 신뢰도, 정의, 행복 지수가 높지 않으니, 내가 믿을 것은 물질 밖에 없습니다. 이들 지수가 낮으니 경제적, 물질적인 것에 의존하고, 다시 부패 지수를 높입니다. 악순환 입니다. 어디서든 끊어야 합니다.

다른 삶과 다른 기준을 원하면, 지금과 다르게 행동해야 합니다. 같은 행동, 같은 정신을 가지고, 다른 결과를 얻을 수 없습니다. 같은 행동을 하면서 다른 결과를 원하는 것은 정신병자나 하는 생각이라고 아인슈타인은 이야기 했습니다.

　변화를 거부하고 기존 방식을 고집하며, 자신의 세계관과 정체성을 지키려는 자가 기득권 입니다. 낡은 세계관과 정체성을 가진 사람이 변화에 격렬히 저항하는 이유는 본인이 지킬 것이 많고, 지키기 위해 종래 방식 밖에 할 수 없기 때문 입니다. 더구나 과거의 확신과 성공, 그리고 신념 속에 있으면, 변화와 미래를 거부하고 남과 중간, 그리고 나의 실패와 차이를 인정하지 않습니다. 본인만이 기준이고 답인 사람이 기득권 입니다. 일관되기를 원하지만 타인을 믿을 수 없으니 통제하려 합니다. 의심하고, 부정해야 정상적인 관계를 유지하고 발전할 수 있습니다. 영원한 믿음도 영원한 부정도 없습니다. 정상적이고 건전한 관계는 겸손하면서도 믿어 주지만, 부정적인 요소가 발생할 수 있다는 것이 세상이라는 것을 받아들여야 합니다.

　항상 긴장과 변화 속에서 살아야 하는 나에게 내편과 나의 위안은 없다는 말인가? 아닙니다. 가족은 항상 내편이고, 나의 동반자인고, 나의 후원자라는 신뢰가 있어야 합니다. 그래야 변화하는 세상 속에서 휴식을 취하면서 내일을 준비할 수 있고, 나의 존재 이유를 확인할 수 있습니다. 가족을 중시해야 하는 이유 입니다.

　자유도, 신뢰도, 정의, 행복 지수를 높여야 합니다. 투명, 공정한 사회의 총체적 시스템과 함께 국민 개개인의 의식이 높아져야 향상된 도덕 수준을 갖춘 시민 사회가 될 수 있습니다. 국내총생산(GDP)은 국가의 부를 측정해서 GDP 증가는 국가의 부를 의미하지만, 국민 각자의 행복을 의미하지 않습니다. 국민의 행복은 사회적 부가 높을 때 향상 됩니다.

　할 이유가 없다면, 안 할 이유도 없습니다. 무엇이라도 관심을 갖고 열정으로 살았으면 합니다. 우리의 삶이 갑자기 파국에 대면할 수 있습니다. 인생을 백수로 산 사람에게도, 열정으로 산 사람에게도 운명은 순식간에 다가와서 오늘, 지금 종말이 올 수도 있습니다. 많은 사고가 악한 자와 선한 자를 가리지 않고 갑자기 다가 올 수 있습니다. 그래도 공동체를 위한 선한 일과 꿈에 관심을 갖고 열정적으로 살다가 가는 것이, 나에게 상념도 적고 후회가 없는 행복한 삶이고, 공동체도 오래 기억할 것입니다.

21. 빨리 빨리하기와 반성

 한국인의 특징은 빨리 끓어오르고 빨리 식는다고 말 합니다. 어찌 되었든 빨리 빨리 입니다. 저기 가서 무엇을 가져오라고 해서 가는데, 도착도 하기 전에 또 일을 시키고, 오다가 보면 또 일을 추가해서, 다시 가서 잘 가져 옵니다. 한국인은 빠릅니다. 그냥 빠른 것이 아니라, 잘 하면서 빠릅니다. 우리의 교육 수준은 높아서 이해도가 빠르고, 창의적이라 새로운 생각도 자꾸 생기니 빨리 빨리 해 보고, 수정하고, 출시 합니다.

한국인의 특징은 빨리 빨리라고 하면서, 우리라고 하면서 개인주의이고, 패배를 인정하지 않습니다. 외세의 침입에 우리는 똘똘 뭉쳐서 대항 합니다. 그리고는 흩어 집니다. 흩어만 지는 것이 아니고, 우리 끼리 또 싸웁니다. 이제 우리 끼리 경쟁 합니다. 죽어도 고고, 못 먹어도 삼세판 입니다. 오늘 진 것은 운이 없어서 진 것이지 실력이 없어서 진 것이 아니라 합니다. 실패와 패배에 대한 인정이 없습니다. 무림 고수로부터 실력을 쌓아 올 것이니, 내일, 내년을 기다리라고 합니다. 이것이 5천년 한국을 있게 한 원동력 입니다.

그런데 패배와 실패를 인정 안 하는 것은 장점이 아닙니다. 잘못 했으면 진솔하게 인정하고, 사과하고, 배상하고, 방지책을 제시하고, 책임져야 합니다. 특히 장 자리에 있는 분들이 책임에 너무 둔감 합니다. 책임에는 직접 책임, 조직 책임, 역할 책임이 있습니다. 왜 장 자리에 있는 분이 직접 책임만 언급 합니까? 직접 책임은 담당 조직 구성원이 지는 것입니다. 장이 아닙니다. 장 자리에 있는 분은 직접 책임만 아니라 조직 책임과 역할 책임을 모두 지는 분 입니다. 책임지기 싫으면 장 자리에 앉지 말아야 합니다. 장 자리를 영광의 자리로만 생각해서는 안 됩니다. 평직원과 장 자리에 있는 분은 처신이 달라야 합니다.

책임지는 자리이기에 권한도 있는 것입니다. 직접 책임자를 임명하고, 지휘하는 것은 역할 책임자인 장이 하는 것입니다. 잘못 임용하고, 감독하고, 지휘했기에 사고가 발생한 것입니다. 그래서 역할 책임자 혹은 장자리는 권한과 함께 책임을 전제로 있는 자리 입니다. 책임의 인정은 피해자를 고려한 최소한의 위로 입니다. 국민의 세금을 받는 장은 국민과 공감해야 합니다. 장 자리에 있는 분이 직접, 조직, 그리고 역할 책임을 질 각오로 매사를 대하면, 국민의 분노와 원망이 크지 않을 것입니다.

일본은 장인 정신이 있어서, 한 가지 일에 집중해서 평생을 보냅니다. 잘 만들기는 했는데 시류가 좀 지난 경우가 있습니다. 한국인은 과거를, 역사를 잘 보존하지 못한다고 하는데, 그 대신 새것, 혁신적인 것, 창의적인 것에 열광 합니다. 일본도 잃어버린 30년을 뒤로 하고 도약하고 있습니다. 2023년 일본의 도요타(Toyota), 히다치(Hitachi), 소니(Sony)가 한국의 삼성, 현대, LG의 매출과 이익을 앞지르고 있습니다. 환율 1:10으로 했을 때 매출은 일본 645조원이고 한국은 508조원, 영업이익은 일본 639조원이고 한국은 268조원으로 한국 대표 기업들이 크게 밀리고 있습니다. 1999년 이후 처음으로 삼성전자는 일본 소니에게 영업이익에서 역전 당했습니다. 압축 성장했고,

IT(Information Technology) 기술을 기반으로 했던 한국에 비해 열세였던 일본도 비 주력 사업 정리와 기업합병, IT를 접목한 디지털화, 일본을 벗어 나는 세계화를 택해서 다시 성장하고 있습니다. 대한민국은 빨리 빨리 문화를 산업계에 적용한 추격자(Fast Follower) 전략과 압축 성장으로 2000년 대에 들어서 여러 분야에서 일본을 추월 했습니다. 우리의 대표 기업인 삼성, 현대, LG의 매출과 이윤이 일본보다 적다는 것은, 빨리 빨리의 추격자 전략이 더 이상 유용하지 않다는 의미 입니다. 이제는 추격자 전략이 아닌 새로운 전략이 필요합니다. 한국의 혜안과 융합, 그리고 갈등의 조정과 책임을 통한 성장이 필요한 때 입니다.

미국은 기차가 깁니다. 한 100개의 객차가 연결된 것 같습니다. 기차 때문에 종종 길이 막히니, 기찻길 아래로 터널을 만드는 공사를 시작 했습니다. 갈 때 시작 했는데 올 때도 안 끝났습니다. 모두 잘 참습니다. 한국 같으면 6달이면 끝날 공사를 2년을 합니다. 6달에 끝내니 압축해서 진행한 것입니다. 대한민국은 압축 성장 입니다.

그런데 미국은 상대적으로 인명 사고가 적습니다. 그만큼 안

전에 유의 합니다. 우리는 산업 재해가 매번 뉴스로 나옵니다. 2021년 사망자는 건설업이 551명, 26.5%로 가장 많습니다. 외국과는 통계 작성법의 차이로 단순 비교는 어렵지만, 산업 재해율이 낮지 않습니다. 연간 산업 재해율도 매년 증가하고 있습니다. 이들 사고 사망자는 저임금, 안전 장비 미비, 규정 미 준수 등의 비용적인 요소와 인명 경시의 빨리 빨리 풍조의 영향이 클 것입니다. 2022년에 중대 재해 처리법이 시행됐지만, 재해가 줄지 않습니다. 법으로 처벌로 산업 안전을 담보하기 힘듭니다. 자율 규제인 모두의 안전의식이 중요한데, 대한민국은 안전의식이 낮고 이것을 높이는 체계도 부족 합니다. 그래서 한국의 산업 안전은 경제협력개발기구(OECD) 38개국 중 34위로 선진국이 아닌 후진국 입니다.

사망자에게도 부모형제와 가족이 있습니다. 역지사지(Putting on the other's shoe)하면 그렇게 하지 않을 것입니다. 전통적으로 대한민국은 군신 관계를 중시하지, 개개인의 삶과 생명에 관심이 부족 했습니다. 이제는 아닙니다. 한 생명 한 생명이 너무도 소중하고 안타깝습니다. 더 이상 재해와 사고가 없었으면 합니다. 이제는 덜 빨리 빨리 해도 됩니다. 이제는 안전이 회사, 사회, 국가의 경쟁력 입니다. 해 보는 것이 중요 합니다. 경험은 창의성의 기본 입니다. 그러나 무작정 열심히 해 보는 것은 자원과 시간의 낭비이고, 얻는 것도 없습니다. 열심히 하기보다는 잘 하는 것이 중요한 시대이고, 더 중요한 것은 안전하게 하는 것입니다. 생명을 잃으면 모든 것에 의미가 사라집니다. 서두르지 말고 안전하게 했으면 합니다.

22. 왜, 용서는 필요한가?

　일제의 만행인 위안부와 탄광 및 산업체로의 강제 동원이 여전히 해결 되지 않고 있습니다. 국력의 차이로 일본은 여전히 고압적 입니다. 이를 타결하기 위한 회의가 여러 번 열렸습니다.

　박근혜 정부시절인 2015년에 최종적이고 불가역적인 "한일위안부합의"가 외교부를 통해서 이루어 졌습니다. 법적 효력이 있는 조약과 달리 합의는 법적 효력은 없지만, 국가간 약속이라는 의의가 있습니다. 문제인 정부에서 이 합의가 국민 정서와 다르고, 당사자가 배제되었다고 부정 했지만, 2021년에 합의를 부정하기 어렵다고 하면서 이 합의를 인정 했습니다. 윤석열 정부는 제3자 변제를 통해 대한민국이 책임지겠다고 합니다. 일본은 기본적으로 1965년 "한일기본조약"으로 모든 것은 정리 되어서, 재판 결과이든 무엇이던 모르쇠 내지는, 한국 정부가 책임지라는 태도를 견지하고 있습니다. 북핵 대응을 위한 한미일 3국의 공조가 중요하고, 박근혜, 문재인, 윤석열 정부를 거치면서 "한일위안부합의"의 일관성이 사라져서, 이제는 대한민국 자체의 문제가 된 듯 합니다.

학생들에게 이런 것을 질문 합니다. 할아버지 위 세대인, 100년 전 일을 오늘날 사과하라면 사과할 것이냐고 묻습니다. 내가 직접적인 당사자도 아니고, 내 아버지가 한 일도 아닌데 무슨 사과를 하냐고 합니다. 연좌제도 폐지된 마당에!

이것을 일본군 만행인 위안부와 강제 동원 피해자에게 대입해서 생각해 보라고 합니다. 그럼 의견이 조금 바뀝니다. 일본 청소년을 만났을 때 그들이 내가 직접적인 당사자도 아니고, 내 아버지가 한 일도 아닌데 무슨 사과를 하냐고 한다면 어찌 할 것이냐고 묻습니다. 침묵 입니다. 아닙니다. 오늘의 그들은 선조가 있었기에, 그들이 있는 것이므로 당연히 책임을 져야 합니다. 그들은 조상의 유산을 좋은 것만 취하고, 나쁜 것은 버릴 수 없기에 책임져야 한다고 말해야 합니다. 1965년 6월 22일의 "한일기본조약"은 국가와 국가 간 배상 조약 이었습니다. 한국과 일본의 국력차에 기인한 불평등 조약이라고 하지만, 국가간 불평등은 한국과 일본 사이에만 존재한 것은 아닙니다. 국가간 국력 차이가 불평등의 원인 입니다. 약육강식의 제국주의 시대를 거쳤지만, 지금도 유효하기에 힘을 길러 강대국이 되어야 국가 간 불평등이 사라질 것입니다. "한일기본조약"에 개인의 희생에 대한, 즉 위안부나 강제 동원에 대한 배상 협의는 없었습니다. 그래서 위안부나 강제 동원된 사람들의 희생을 강제한 일본군이나 기업체에 책임을 묻는 것은 개인의 당연한 권리 입니다. 국제적으로도 개인의 희생은 별도로 인정 됩니다.

일본의 독도 영유권 주장에 대해, 우리는 어떻게 말해야 할까? 여기 노무현 전 대통령이 2006년 4월 25일 발표한 한일관계에 대한 특별 담화문 중 일부인 '독도는 우리 땅 입니다.' 개요로 대신 합니다.

독도는 우리 땅 입니다. 그냥 우리 땅이 아니라 특별한 역사적 의미를 가진 우리 땅 입니다. 독도는 일본의 한반도 침탈 과정에서 가장 먼저 병탄된 역사의 땅 입니다. 일본이 러일 전쟁 중에 전쟁 수행을 목적으로 편입하고 점령했던 땅 입니다. 독도를 자국 영토로 편입하고, 망루와 전선을 가설하여 전쟁에 이용했던 것입니다. 그리고 국권을 박탈하고 식민지 지배권을 확보하였습니다. 일본이 독도에 대한 권리를 주장하는 것은 제국주의 침략 전쟁에 의한 점령지 권리, 나아가서는 과거 식민지 영토권을 주장하는 것입니다. 이것은 한국의 완전한 해방과 독립을 부정하는 행위 입니다. 우리 국민에게 독도는 완전한 주권 회복의 상징 입니다.

가슴 울리는 내용이 많지만, 핵심은 독도가 우리의 완전한 주권 회복의 상징이라는 것입니다.

사과는 어때야 할까요. 아리스토텔레스 말처럼 권위와 진정성이 있으면 충분할까요. 아닙니다. 사과에는 이것과 함께 반드시 충분한 배상이 있어야 합니다. 배상 없는 사과는 사과가 아닙니다. 그냥 형식적이고, 상황 모면적 입니다.

법적 의미로 보상은 합법적 행위에 대한 손해와 피해를 갚아

주는 것이고, 배상은 불법적인 행위로 인한 손해와 피해를 갚아 주는 것입니다. 도로 개설에 따른 주택 철거와 농지 편입은 보상 대상이고, 일제의 위안부 피해와 강제 동원은 불법적인 행위이므로 배상 대상이라고 해야 정확한 표현 입니다.

 국가 간에만 적용되는 것이 아닙니다. 친구 간, 상거래 간, 모든 곳에서 사과로는 충분하지 않습니다. 피해자는 충분한 보상 내지는 배상을 받을 권리가 있고, 그래야 합니다.

 용서!
 너무 힘듭니다.
 용서가 너무 어렵습니다.
 용서하고 싶지 않습니다. 이게 내 자존심 입니다.
 몇 배로 되갚아 주어도 시원하지 않습니다.
 이게 내가 진정으로 하고 싶은 것입니다.
 비워야 채워진다지만 비워지지 않습니다.
 그래서 눈에는 눈, 이에는 이가 나온 것 같습니다.
 용서가 힘든 나에게, 진정성을 보이고, 배상/보상 하십시오.

 혹자는 우리가, 내가 불운하고 힘이 없었으니 인정하라고 합니다. 슬픔을 삭이라고 합니다.
그러면 이 세상에 도덕이 법이 왜 필요 합니까?
여기가 정글 입니까?
도대체 내 편은 어디에 있습니까?

어쩔 수 없는 상황으로 피해자는 가해자를 용서할 수 밖에 없고, 용서하는 순간, 용서가 공표되는 순간, 용서를 되돌리기 어렵습니다. 알량한 사과를 받은 것으로, 내 자존심은 바닥에 팽개쳐진 것을 느낍니다. 피해자는 돌아서면, 다시 치욕과 울분이 슬금슬금 올라와서 모든 감정을 지배 합니다. 가해자로부터 형식적인 사과는 받았고, 되돌릴 수도 없고, 정말 미칠 노릇 입니다. 그래서 진정한 사과와 배상이 필요한 것입니다. 사과만으로는 불충분 합니다. 반드시 배상 내지는 보상 하십시오. 배상, 보상은 피해자에 대한 최소한의 위로이고, 자신에 대한 책임 입니다.

사과는 말로만 하는 것이 아니고,
마음속 깊이 진정으로 사과하고,
경제적 배상/보상이 반드시 병행되어야 합니다.
관련자, 책임자 처벌도 바랍니다.

피해 재발 방지책도 마련되어야 합니다.

피해자에게는 그래도 충분하지 않습니다.

무엇을 해도,

무엇을 받아도 원 상태로 돌아갈 수 없습니다.

사과도, 처벌도, 대책도 살아 있는 자를 위한 것입니다.

가해자는 편한데 피해자는 왜 끝없이 고통 받아야 합니까?

세월 밖에, 잊는 것 밖에,

잊는 체하는 것 밖에 도리가 없다고 합니다.

고통이 사과로 달래지지 않습니다.

억울 합니다. 원통 합니다.

그래도 용서해야 합니다. 가해자가 충분히 사과하고, 배상하고, 처벌받고, 피해 방지책이 마련 되어서가 아닙니다. 미움과 원망, 그리고 후회 속에서 사는 피해자와 가족들은 너무 아프고 너무 힘듭니다. 미움과 원망, 그리고 후회는 가해자의 시각입니다. 피해자인 내가 원인이 아니고, 가해자가 거기 있었던 탓 입니다. 피해자 탓이 아니니 자책하지 마세요. 피해 당사자가 어떤 마음으로 가족을 볼 것인지 생각해 보시기 바랍니다. 피해자는 미움과 후회 속에서 부모나 형제가 더는 고통받지 않기를 원하기 때문 입니다. 용서하고, 잊고, 새로운 길에서 행복하기를 피해자는 우리에게 부탁 합니다. 미움의 고통 속에서 벗어나서, 행복하기를, 전진하기를 피해자는 희망 합니다. 용서가 안 되면, 보지 마시고 잊으십시오. 피해 당사자는 여러분이 행복하기를 바랍니다.

원망 하세요. 그러나 짧게 하세요.
잊으세요. 당장 힘들면 보지 마시고 외면 하세요.
용서 하세요. 그래야 전진 합니다.
행복 하세요. 그것이 최고의 복수 입니다.

제일 좋은 것은 나에게 이런 일이 없었으면 합니다.
원망도, 외면도, 용서도, 행복도 가해자나 피해자의 입장이 아니기를 바랍니다. 그냥 나이기를 희망 합니다. 기도 합니다. 나에게 이런 선택의 시련이 생기지 않았으면 합니다.

23. 사고의 성장과 공감

　많은 일을 겪었고, 나름의 노하우를 쌓았지만, 사고의 수준을 평가하면, 도덕적 철학적 수준은 20대 수준 입니다. 지식과 경험은 늘었지만, 지혜와 사고는 20대와 지금 사이에 차이가 없습니다. 생각하는 방식에는 고정형 사고 방식과 성장형 사고 방식이 있고, 혼합형도 있습니다.

　그리스 철학자 소크라테스가 "숙고하지 않는 삶은 살 가치가 없다."라고 했습니다. 열심히 살았지만 정신적 성숙은 20대 이후로 거의 없는 듯 합니다. 나는 고정형 사고 방식으로 살고 있는가 고민 합니다.

대학생 때까지는 학과 친구라도 매주 만나는 사람이 50~60명은 됩니다. 인간성도 다르고, 배울 것도 많고, 경험도 다양 합니다. 평등하고, 별난 친구도 많고, 새로운 것도 하자고 합니다. 생물학적 두뇌도 커지며, 정신적 사고도 성장 합니다. 그런데 졸업하면 10명 내외로 줄고, 같은 사고를 가지고, 같은 일을 하는 사람 뿐입니다. 긴장하면서, 목표를 공유해서 추구하고, 헤어 집니다. 팀이라 하지만 위계 질서와 분업이 이루어져 있고, 목표가 명확 합니다. 갈 곳이 정해져 있습니다. 가정이 위안과 평안을 줄 수는 있지만, 사고의 성장을 주기는 힘듭니다. 가정은 믿고 쉴 수 있는 곳이지, 사고를 기대하면 안 됩니다. 사고가 늘 수 없습니다. 정보와 기회가 늘 뿐입니다.

사고의 성장은 상상과 여유와 다양함, 다시 생각하기 속에서 도전하며 이루어 집니다. 상대편 입장을 고려하고, 나와 그들의 슬픔, 좌절, 어려움, 고통 속에서 사고가 성장 합니다. 졸업하면 이런 기회가 없어 집니다. 아니 무디어 집니다. 대충은 알고, 끝도 짐작 되어서, 남의 말도 잘 듣지 않습니다. 특히 수직적 위계 체계에서는 목표 달성은 있지만, 사고의 성장은 없습니다. 수평적 관계와 갈등을 겪고 해결하는 과정에서 사고는 성장 합니다. 그래서 사고가 20대에 머뭅니다.

개인의 지속적인 사고의 성장은 어떻게 가능 한가? 두뇌의 생물학적인 퇴보이기에 불가능 한가? 새로운 것을 해 보면 가능 한가? 노인은 지혜가 있어서 존중 받는다고 했습니다. 나는 그런 것인가? 인생 60부터라고 합니다. 지속적 사고의 성장이란 사회가 노인들 위안 삼으라고 하는 말은 아닐까? 익숙함에서 탈피하라고 하고, 독서를 하라고도 합니다. 정보의 객관화가 필요하다고 하는데, 잘 안 됩니다. 정보를 모으고 분석해서 객관화하고 이것으로 판단하라고 배웁니다. 그러고는 과거의 경험, 내가 살아온 방식으로 합니다. 백전백패 입니다. 혼자 하면 힘들고, 작은 일도 크게 생각될 수 있어서, 자기 학대와 자기 망상으로 변할 수도 있습니다. 나는 까칠해서, 사고무친, 독야청청하니 사고가 성장할 수 없습니다. 한 번 뿐인 이 삶을 보듬어 주고 현재에 집중하라고 합니다. 현재를 어떻게 꾸려 갈지는 온전히 당신에게 달려 있다고 합니다. 세월 따라, 경험 따라 아는 것은 많습니다. 그래도 정신적 깊이, 정신적 사고는 늘지 않으니, 정신적 사고의 방황 입니다. 그냥 기계적으로 사는 듯하니, 지속적인 개인적 사고 성장에 답을 못 찾겠습니다.

　한국인은 어느 듯 혼자 사는 세상에 던져 졌습니다. 한국은 디지털 사회로 전환이 빠른 나라 입니다. 디지털 전환이 빠르다는 것은 아날로그적 인간 관계의 단절을 의미 합니다. 진화론에서 인간은 사회성을 키워서, 사회를 형성하고 이를 계승하도록 이족 직립 보행부터 700만년, 호모 사피엔스부터 20만년을 진화 했습니다. 서구는 산업혁명 300년 동안 시간을 가지고 변화 했지만, 한국은 단 30여년 동안에 디지털 사회로 바뀌었습니다. 이족 직립 보행 인류 700만년부터 현재를 1년으로 환산하면, 12월 31일 22시 09분 경까지 인류는 생존과 번식을 위한 아날로그 투쟁을 이어 왔습니다.

　디지털 사회는 고독을 넘어서 외로운 사회 입니다. 고독은 스스로 선택하지만, 외로움은 외부와의 단절에서 오기에 힘듭니다. 특히 청년 1인 가구 증가는 외로움을 증가시키고, 여기에 사회적 낙오는 갈 곳과 기댈 곳이 없게 합니다. 디지털 사회는 부를 양극화시켜 플랫폼을 가진 자에게 부를 집중시키고, 중간 숙련도 직업을 없애기 때문에 청년의 입지를 줄이고 있습니다. 이러한 상황을 본인의 능력과 노력 부족으로 치부해서 청년은 절망 합니다. 재능과 노력의 척도였던 능력에 운과 부모의 영향력이 가세해서 청년을 더욱 힘들게 합니다. 태어나 보니 운으로 권세가에 태어난 사람과의 경쟁에서, 일반인은 노력의 한계를 절실히 느끼게 하는 사회가 한국 사회 입니다. 재능에 대해서도 다시 생각 합니다. 그렇지만 한국 사회는 능력을 우선 합니다. 좋은 운을 배경으로 성공해도 능력으로 포장하는 한국 사회 입니다. 그래서 한국인은 시작도 힘들고, 시작해도 더 운 좋은 사람에게 밀려 나기에 좌절 합니다. 노력하지 않은 사람만 좌절하는 것이 아니고, 노력하는 사람도 능력 있는 사람도 모두 좌절하는 한국 사회 입니다. 본인의 잘못보다는 사회가 외로움과 좌절을 양산하는 시스템인데 모두가 외면 합니다. 여기에 사회 지도층이 답해야 합니다.

아리스토텔레스는 설득의 3요소로 로고스, 파토스, 에토스를 제시 했습니다. 로고스는 말과 언어를 논리적으로 하는 것입니다. 파토스는 공감 능력으로 상대방의 심리를 알고, 상대의 감정에 호소하는 것입니다. 에토스는 인성, 품성, 공신력으로 권위 입니다. 중요 순으로 이야기하면 에토스, 파토스, 로고스 입니다. 권위가 약 50% 이상 입니다. 그러나 에토스 만으로는 힘듭니다. 권위 있는 사람이 진정성을 가지고 이야기하면 말은 어눌해도 설득이 됩니다. 피해자나 듣는 사람이 듣고 공감해야 설득이 가능 합니다. 공감 없이 밀어붙이면, 피해자에게서 마지막 자존심이 튀어나오며, 본인의 세계로 돌아갑니다. 설득은 실패 입니다. 공감은 사람 사이의 감정과 생각의 교류이고 공명 입니다. 공감의 기본은 자신의 감정을 인식하고 훈련해서 키우는 것이 기본 입니다. 이 기본을 바탕으로 타인을 생각하고 이해하는 인지적 공감과 타인의 감정을 이해하는 정서적 공감이 모두 있어야 진정한 공감 능력 입니다.

　앞만 보고 달리는 형은 공감을 잘하지 못 합니다. 공감 능력 모자란 인간이 욕을 덜 먹는 방법이 있습니다. 말을 줄이면 됩니다. 공감 능력 없는 사람이 말하면 대개는 밉상으로 말 합니다. 상대방이 좋아하는 것보다, 싫어하는 것을 하지 마세요. 상대방이 원하면 다 해 주세요. 특히 몸으로 하는 작은 일들을 정성 들여 많이 해 주세요. 신뢰가 공감이 쌓일 것입니다. 큰 사건에는 모두가 힘을 합하고 이해하지만, 작은 일들은 무시하고 간과할 수 있습니다. 여기서 틈이, 불신이 생길 수 있습니다.

　공감에 가족을 빼놓을 수 없습니다. 기찻길(Trolley) 딜레마라는 것이 있습니다. 브레이크가 고장 난 채로 계속 달리는 기차의 궤도를 수정해야 합니다. 정상 궤도에는 성인 10명이, 비상 궤도에는 2명이 있다고 합니다. 어디로 보낼 것인지 물으면 당연히 2명이 있는 비상 궤도 입니다. 그런데 2명이 자신 아내이고 자식이면 어찌할 것인가 다시 묻습니다. 답이 갑자기 많이 바뀝니다. 50% 정도가 정상 궤도의 10명 쪽으로 기차를 보내서 가족을 살리고 자기는 처벌 받겠다고 합니다. 이게 가족입니다. 내가 사는 이유 입니다.

가정에서 가족에게서 평안과 위로와 휴식을 얻습니다. 어렵고 힘든 것을 힘들다고 말할 수 있는 곳이 가정 입니다. 포기하고 싶고 그만하고 싶다는 속 마음을 말할 수 있는 사람이 가족 입니다. 친구에게 어렵다고, 힘들다고 고민을 이야기할 수 있습니다. 그러나 마음 속의 깊은 감정을 이야기하기는 쉽지 않습니다. 깊은 감정의 공유는 책임과 희생의 공유 입니다. 친구에게 그것까지 요구하기는 쉽지 않습니다. 나의 깊은 감정까지 털어놓을 수 있는 친구는 소위 가족 같은 친구 입니다. 이런 친구가 많으면 합니다. 책임과 희생 때문에 시간 차이는 있겠지만, 깊은 속내를 이야기할 수 있는 사람은 가족 뿐입니다. 가정은 책임과 희생, 그리고 믿음과 평화가 모두 함께 있는 곳입니다. 궁극적으로 가정은, 가족은 모든 것을 공유하는 곳이고 사람 입니다.

 그런데 나는 가정에서 쉬고, 위로 받으려고만 하지, 가족에게 위로, 평화, 그리고 사랑과 믿음을 주는지 생각했으면 합니다. 가족은 건드리면 안 된다. 가족만은 최후의 보루라 합니다. 그런 내가 가족에게 불안을 주는 존재는 아닌지 생각해 본 적은 있는지 자문해 보십시오. 가정과 가족은 외부적으로 지켜야 하고, 내부적으로 서로가 신뢰하고, 공감하고, 사랑하고, 존중해야 위안과 평화와 휴식이 옵니다. 가족은 나를 위한 희생이 되어서는 안 됩니다, 어떤 경우이든 가족을 지키기 위한 Plan B, Plan C가 필요 합니다. 내가 사는 이유는 가족이고, 그런 가족 상호 간 공감과 존중이 절대적으로 필요 합니다. 가족 상호 간에 가장 중요한 것은 믿음 입니다. 사랑은 희생이고, 늘 노력해야만 얻어지는 일상의 결과 입니다. 가정은 평안과 믿음의 장소지만, 가족과 함께 나도 동참해야 그게 유지 됩니다.

 정상 궤도 위의 10명에게도 각자의 가족이 있습니다. 그래서 딜레마 입니다.

 사고의 수준은 20대에 머물지라도, 공감은 상대의 슬픔을 공유하고 배려하며, 상대편 입장에 내가 서 보는 역지사지를 훈련하고, 자세히 보려고 노력하면, 깊이와 폭이 확장되고 넓어질 수 있습니다. 한국 문화는 공감을 억제하는 사회였고, 획일적인 교육 속에서 공감의 생각과 표현을 훈련 할 수 없었습니다. 자신의 감정을 이해하고 표현하며, 남의 아픔과 슬픔은 나누고, 기쁜 일에 함께 기뻐하는 훈련과 경험이 공감에 필요 합니다.

건강한 사회는 사고하는 사회보다 공감하는 사회 입니다.

24. 여행과 힐링(Healing)

　과음도 안 하고, 담배도 안 하고, 커피도 그다지 안 좋아하니, 인생 재미 없다고 주변에서 말 합니다. 그냥 혼자 있어도 무방하고, 계획 세워 여행 다니고, 음악 듣고, TV 보고, 책 읽는 것도 재미 있습니다. 성격 유형 검사로 MBTI(Myers Briggs Type Indicator)를 많이 합니다. 20세기에는 지연, 학연, 직장, 상사와의 관계 등, 나와 상대방의 집단적 동질감과 위계 질서가 중요했습니다. 21세기는 타인의 성격과 개성이 중요하고, 이것을 존중하는 것과 함께 나도 존중 받기를 원합니다. 이것의 한 표현이 MBTI 입니다. 사람 성격은 크게 내향성(I)과 외향성(E)으로 구분할 수 있는데 나는 내향성 입니다. 참고로 인간 50%는 내향성 입니다. 외향성 사람이 연락하고, 함께 놀자고 합니다. 외향성 사람이 저 좋아서 하는 짓이니, 내향성 사람은 휘둘릴 필요 없습니다. 내향성인 사람은 외향성 사람의 요구를 거부하는 것이 오랫동안 불편하지 않습니다. 외향성과 내향성, 모두 장단점이 있어서 오늘날 공존 합니다. 평범한 내향성인 나는 사람을 많이 만나고 싶지도 않고, 내가 원하는 곳, 내가 가고 싶은 곳에 가면 그냥 좋습니다. 비슷한 친구 한두 명이면 충분하고, 없어도 무방 합니다.

음악은 LP(Linear Programming)와 스트리밍(Streaming)으로 많이 듣습니다. 음악은 추억입니다. 그래서 1980년~2010년 까지를 많이 듣습니다. 최근 음악은 드라마를 통해서 추억이 쌓이고, 장면이 기억할 만하고, 음악이 내 취향에 맞아야 듣습니다. 나는 음치 입니다. 차에서 음악을 수도 없이 반복해서 들으니 몇 곡은 대충 부릅니다. 최근에 오디오 앰프를 교체 했습니다. 기십만 원 하는 앰프를 검토하다가 다소 비싼 것을 나에게 투자 했습니다. 소리가 너무 좋습니다.

여행을 주말마다 다닙니다. 전라도 각 군의 가 볼 만한 곳

10선은 거의 다 가 보았고, 경상도까지 갑니다.

　여행은 목적이 있습니다. 30대에는 아이들 때문에 여행을 갔고, 40대, 50대에는 좋아서 다녔습니다. 지금도 좋은 곳에 가지만, 가는 곳마다 수익 모델이 무엇인지 생각 합니다. 음식점이야 맛이 좋고 입지가 좋아야 한다지만, 포화 상태 입니다. 또한 전문 노동력이 필요해서 무리 입니다. 술은 막걸리부터, 소주, 맥주, 와인, 위스키까지 모두 똑 같습니다. 술 맛 구분을 못 하고 알지도 못 합니다. 또 치즈 맛도 구분 못 합니다. 그런데 궁금 하지도, 알고 싶지도 않습니다.

　여행 가면 카페가 정말 많습니다. 집 주위에도 많습니다. 기본적으로 커피 맛이 좋아야 합니다. 카페는 커피를 파는 곳이 아닌 공간을 파는 곳, 과거의 사랑방을 제공하는 곳입니다. 수익 모델을 관찰하니, 요즈음 잘 되는 곳은 갤러리 연계 카페 입니다. 갤러리는 무료이니 와서 그림 보고, 문화 향유하고, 커피 마시며 쉬라는 것입니다. 가끔 형편 없는 그림 1, 2점 두고 문화비를 받는 갤러리 카페도 있습니다. 다음은 풍경 연계 카페 입니다. 호수, 저수지, 강가, 언덕에 많습니다. 체험형 카페도 많습니다. 염소, 양, 어류 등을 두고 어린이 혹은 가족 지향형 카페

입니다. 또 다른 카페는 절, 혹은 문화 시설 연계 입니다. 이런 연계형이 아니면 카페를 대형으로 합니다. 향후 교외에 있는 카페가 어때야 하는지를 생각하게 해 줍니다.

여행에서는 반드시 마지막 지점에 가려고 합니다. 서해는 뻘이 있어서 힘들지만, 북쪽은 휴전선을 가야 하고, 동쪽은 동해에 발을 담그고, 남쪽은 해남 땅끝을 반드시 가야 합니다. 어떤 것도, 아무도 없어도 꼭 가야 합니다. 제주도 가서는 국토 최남단 섬 마라도를 갔다 왔습니다. 여기를 보고는 제주도에 가고 싶은 마음이 많이 줄었습니다. 포르투갈에 가서는 대륙의 끝인 호카곶(Cabo da Roca) 절벽에서 유럽 어떤 곳보다 감동과 장대함을 느꼈습니다. 튀르키예(터키)에서는 유럽 대륙과 아시아를 연결하는 보스포루스 해협을 다리 위로, 그리고 배로 갔다 오는 것이 소피아 성당을 보는 것보다 의미와 감동이 크고, 기억에 남습니다. 인류의 과학 문명 시작인 대항해 시대가 포르투갈의 엔리코 왕자나 탐험가 콜럼버스가 아닌, 1453년 이슬람 세력에 의해 동로마 제국 수도 이스탄불이 멸망해서 시작되었기 때문입니다. 미국에서는 LA 산타모니카(Santa Monica) 해변을 가야 했고, 뉴욕에서는 뉴욕보다도 브룩클린의 코니아일랜드 바닷가를 가 본 것에 의미가 있습니다. 이 끝점 바닷가에 도착해서 바닷물에 발을, 아니면 손이라도 적셔야, 여행을 마치고 집에 돌아가도 된다는 생각이 듭니다. 끝점 마지막에 집착하는 것도 병인 듯 하지만, 아무에게 피해 주지 않고 가족들도 가면 여유와 충전이 있어서 좋다고 합니다. 불가능 하지만 우주도 끝의 위치에 가서 팽창하는 우주를 보고 싶습니다. 시작을 놓쳤기에 더욱 그렇습니다.

인생 여행의 마지막일 수 있는 은퇴 후 무엇을 할까 고민 중인데, 이것도 만만하지 않습니다. 은퇴 5년 안에 운명을 달리하는 선배들이 많습니다. 은퇴 후도 규칙적인 일이 필요 합니다. 오는 것은 순서가 있어도 가는 데는 순서가 없습니다. 건강하게 순리대로 퇴장 했으면 합니다.

25. 인류 진화와 기술 문명

　우주의 역사는 약 138억년이고, 지구의 나이는 46억년, 지구 최초의 생물은 40억년 경에 출현 합니다. 직립 보행 유인원으로 보는 인류의 역사는 700만년, 현생 인류의 기준인 호모 사피엔스 출현은 20만년 전으로 거슬러 올라갑니다. 호모 사피엔스의 언어 혁명은 약 7만년 전, 농업 혁명은 1만2천년 전 입니다. 인류 최초의 왕국은 5천만년 전 입니다. 진나라, 로마와 같은 제국의 탄생은 2천년 전, 과학혁명은 5백년 전 입니다. 산업혁명은 18세기 초인 1700년대부터 시작 되었으니 3백년 전 입니다. 본격적인 과학과 산업에 기초한 인류 역사는 3백년 입니다.

    Space, Universe, Cosmos는 모두 우주로 번역 됩니다.

    Space는 대기권 밖의 우주 공간을 의미 합니다. 인류 관점의 개념 입니다. 그래서 우주 탐험(Space Exploration), 우주 전쟁(Space War) 등에는 스페이스를 붙입니다.

    Universe는 지구를 포함한 별, 우주, 은하로 채워진 모든 우주를 의미 합니다. 빅뱅부터 우리가 사는 지구까지의 모든 것을 포함하는 학문적, 과학적 사고의 우주관 입니다.

    Cosmos는 Universe에 종교와 철학이 포함된 우주관 입니다. 고대 그리스 철학자이며 수학자인 피타고라스가 혼돈을 의미하는 카오스와 반대되는, 질서 정연한 우주를 Cosmos라고 했습니다. 그래서 우리가 쓰는 일반적인 우주의 표현에는 Cosmos를 많이 사용하지 않습니다.

    참고로, 갤럭시는 우주라는 의미는 없고, 우주 한정된 지역의 은하, 은하수를 뜻 합니다.

    진화는 생물의 종 및 상위의 각 종류가 과거로부터 현재에 걸쳐 자연에 적응하며 점차 변화하는 과정을 의미 합니다. 반면에 성장은 1세대 혹은 1 개체가 자라고 발전 하는 것을 의미 합니다. 진화는 인위적 개입이 없다면 오랜 시간에 걸쳐서 일어나고, 성장은 비교적 짧은 시간 동안 일어나는 것을 관찰한 결과 입니다.

6,500만년 전의 영장류인 유인원이 인류의 조상 입니다. 약 700만년 전에 직립 보행을 하는 작은 동물이 출현했고, 언어와 지능의 초기 단계를 가진 것으로 생각 했습니다. 약 300만년 전에 최초의 인류인 오스트랄로 피테쿠스(남방 사람 원숭이)가 출현해서, 간단한 도구를 만들어 쓴 것으로 추정 합니다. 약 170만년 전에 호모 종이 출현해서 Homo Electus(불을 쓰는 사람)라 불리고 불을 사용 했습니다. 약 70만년 전에 구석기 시대가 시작 되었습니다. 약 20만년 전에 호모 사피엔스가 등장하여 복잡한 언어와 예술, 종교와 문화 등을 발전시키며, 다양한 환경에 적응 합니다. 호모 사피엔스는 호모 네안데르탈인과 호모 사피엔스로 발전 했습니다. 호모 네안데르탈인은 약 35,000년 전에 지구상에서 사라졌습니다. 현생 인류의 직접적인 조상인 호모 사피엔스 사피엔스는 약 4만년 전에 출현 했습니다. 이들은 돌을 깨뜨려 도구를 만들고, 활과 낚시도 만들어 사냥하고, 동굴에 그림도 남겼습니다. 호모 사피엔스는 경쟁하며, 사

회를 조직하고, 농업을 도입하고, 기술을 발전시켜 문명을 창조했습니다. 기원전 8000년 경에 신석기 시대가 시작 되었습니다.

우리 인류는 짧은 3백년의 지식 과학혁명의 결과로, 1977년 태양계 밖까지의 우주 탐험을 위해 보이저 1호를 발사 했습니다. 1990년 2월 14일 보이저 1호는 태양계를 벗어나며, 지구에서 61억 킬로미터 떨어진 먼 우주에서 지구를 촬영 했습니다. 지구 크기는 0.12화소, 먼지와 같은 점으로 촬영되었고, 지구를 창백한 푸른 점(Pale Blue Dot)이라고 합니다. 보이저 1호와 2호는 태양계를 벗어나 다른 별을 향해 가고 있습니다. 우주와 인간에 대한 인류의 사고 지평선을 넓혀 줄 겁니다.

사람은 신의 모사가 아니고 진화의 결과이고, 지구가 태양의 중심이 아니라는 것을 알고 있었지만, 창백한 푸른 점(Pale Blue Dot)은 지구가 광활한 우주의 먼지에 불과하다는 사실을 알려 줍니다.

인류는 기술 발전으로 인류 상황을 보다 정확히 알게 됩니다. 지구는 태양계를 이루는 8개의 별 중 하나이고, 이런 태양과 유사한 항성 약 18억개가 모여 우리은하를 이룹니다. 우리은하와 유사한 은하 약 2조개가 모여서 우주를 이루고 있습니다. 이런 지구 위의 80억명 중의 하나가 나 입니다. 나는, 인류는 우주의 먼지에 지나지 않는다는 사실 입니다. 또 다른 하나는 생물학적 진화론 연구 결과로, 인류의 기원이 단세포 생물에서 출발해서 진화를 거듭해서 여기까지 도달한 것입니다. 우리는 존재론적 관점에서 우주의 먼지에 지나지 않고, 진화론적 기원은 단세포 생물 입니다. 또한 인류를 정신적으로 무의식 성적 존재이고, 동물적 공격 본능을 가졌다고 프로이드는 표현 합니다. 정신적인 관점에는 많은 반론이 있지만, 인류는 단세포에서 출발했고, 우주의 작은 먼지에 불과하다는 것에는 반론이 없습니다.

또 다른 인류를 보는 관점은 인류가 지구의 최상위 종이 되었다는 것입니다. 인류는 날카로운 이빨도, 강한 힘을 소유한 종도 아니지만, 집단 사냥, 집단 지성의 결과로 오늘날 지구 최상위종이 되었습니다. 인류의 과학혁명 이후로, 혹은 산업혁명 이후로 약탈의 시대는 가고, 교환의 시대에 살고 있습니다. 바이킹과 같이 힘 있는 자의 강탈의 시대는 저물었습니다. 또 다른 인류 발전의 이정표는 계급 사회의 소멸 입니다. 서구는 프랑스 대혁명, 한국 사회는 육이오를 거치며 신분 계급 사회는 종식을 고하고, 평등의 사회로 나아가고 있습니다. 마지막으로 인류 역사에서 지금과 같은 풍요는 처음 입니다. 우리는 궁핍의 시대에서 풍요의 시대로 발전하고 있습니다.

나는 우주의 먼지이고, 단세포 생물이고, 정신적인 무의식 세계 속에서 성적인, 동물적 공격성의 작은 산물일지 모릅니다. 그러나 인류는 진화를 거듭해서 지구의 최상위종이 되었고, 평등의 사회에 살고 있고, 교환의 시대, 풍요의 시대에 살고 있는 종 입니다. 이러한 진화와 성장이 여기서 멈출 수도 있습니다.

자원 관점에서, 지구 온난화 관점에서, 특이점(Singularity) 이상의 AI(인공지능) 발전, 핵 발전 및 핵 무기로 인한 인류 멸망, 새로운 바이오 생물의 출현, 새로운 경쟁자나 포식자 등장, 그리고 우주적 사건 관점에서 인류 멸망을 이야기 합니다. 갑자기 진화와 성장이 멈출 수도 있습니다. 우리 현생 인류인 호모 사피엔스는 공존, 공생보다는 배타적이고 개발 지향적으로 발전해서 오늘의 문명을 이루었습니다. 더 이상 개발할 곳도 발견할 곳도 없고, 지구는 아파하고 있습니다. 지구 상의 모든 생물의 시작은 DNA로 시작되었지만, DNA는 인류의 생존 여부에는 관심이 없습니다. 이제 호모사피엔스의 존속 기간을 예측 합니다.

호모 사피엔스는 지구의 환경 개발을 넘어서 자기를 파괴하는 유일한 종입니다.

그러나 인류는 지구 생명 탄생 40억년의 진화와 개체의 성장 속에서 오늘에 도달 했습니다. 차갑고 축축한 습지, 메마른 들판, 추운 산야, 대륙을 이동하며, 가난과 고통을 이겨 내고 여기에 왔습니다. 우리는 실패하고 좌절해도, 도전하고 극복하고 여기에 왔습니다. 우리는 도전과 극복의 DNA를 가지고 있습니다. 이러한 DNA를 갖지 못한 종은 이미 멸종 했습니다.

구석기부터 인류는 도구를 사용했고, 집단지성을 사용해서 생태계의 최 상위층을 점유 했습니다. 농업혁명과 산업혁명 이후의 대멸종에서 인류는 멸종의 원인자가 되었지만, 이제는 멸종의 당사자가 될 수도 있습니다. 생물 대멸종은 생물 생태계를 파괴하고, 생물 자원의 고갈을 가져오고 있습니다. 생태계 파괴와 생물 자원의 고갈은 의약품 원료 생물 종이 사라지고, 동식물 소멸과 어족 자원의 멸종 등은 직접적인 경제적 손실을 가져오고, 자연에서 이들 종의 멸종은 생태계 파괴와 정서적 가치의 손실을 가져올 수 있습니다.

대멸종의 기준입니다. 첫째는 약 75% 이상의 동식물이 멸종 되어 사라지는 것을 의미 합니다. 둘째는 여러 생물 군에서 함께 발생해야 합니다. 세째는 멸종 현상이 전 세계적으로 연관되어 발생해야 합니다. 넷째는 멸종 기간이 매우 짧을 시간에 걸쳐 일어나는 것을 의미 합니다. 다섯째는 멸종 규모가 일반적인 것보다 큰 경우를 멸종으로 봅니다.

 지질학적 관점의 시대 구분은 대, 기, 세 순서 입니다. 지금은 신생대, 4기, 홀로세(Holocene) 입니다. 지구 생물 역사를 고생대와 중생대, 그리고 신생대로 나누고 있습니다. 1차 대멸종은 오르도비스기 말에, 2차는 데본기 후기, 그리고 3차 대멸종은 페름기 말에 발생했고, 이들은 모두 고생대에 해당 합니다. 4차 대멸종인 트라이스기 말과 5차인 백악기는 중생대에 포함 됩니다. 1차부터 제5차까지의 대멸종은 자연과 환경, 그리고 우주 환경의 변화에 기인한 대멸종이 있었습니다. 제1차 대멸종은 4억5천만년 전 지구 온도 강하에 의한 빙하기가 원인으로 발생했고, 제2차 대멸종은 3억 6~7천만년 전의 해저 산소량 감소와 탄소량 증가가 원인이고, 제3차 대멸종은 2억5천만년 전의 화산 활동 증가가 원인이고, 제4차 대멸종은 2억5백만년 전의 지구의 산소 농도 감소가 원인으로 추정 됩니다. 제5멸종은 6

천5백만년 전에 운석의 지구 충돌에 의한 공룡의 멸종 입니다. 제5차까지의 대멸종은 지구의 자연 환경 변화와 우주적 사건이 원인 이었습니다.

대멸종은 아니지만, 이에 버금가는 멸종도 여러 번 있었습니다. 21~24억년 전에 산소 농도가 급격히 높아져서, 지구의 기압 변화와 온도 강하로 멸종이 발생 했습니다. 4억8천에서 5억 4천년 사이는 캄브라이기 멸종이 있었습니다. 약 3,500만년 전에는 지구 기온이 평균 4도 정도 낮아져서 멸종이 진행 됩니다. 그리고 약 600만년 전에는 지중해의 증발로 멸종이 발생 합니다. 약 270만년 전에는 남북 아메리카 대륙의 충돌로 동식물이 멸종 합니다. 약 2,600만년 주기로 멸종이 반복되어 초기 생물의 약 99%가 사라진 것으로 지구 역사는 기록하고 있습니다. 즉 주기적인 우주 대 이변이 지구 생물의 주기적 멸종을 야기 한다고 주장 합니다.

현재는 신생대, 4기로 홀로세에 이은 인류세라고 합니다. 홀로세에 이은 인류세 정의에 학자들 사이에 이견은 있습니다. 산업혁명 이후로 할 것인가, 혹은 2차 대전의 원자탄 사용 이후로 할 것인가의 문제도 있습니다. 약 70%의 종이 멸종할 것이고,

하루 10여 종이 멸종하고 있습니다. 양서류 30%, 포유로 23%, 조류 12%가 조만간 사라질 것으로 예측 됩니다. 원인은 인간 활동에 따른 지구 온난화와 서식지 파괴 입니다. 그래서 제6멸종기가 시작되었다고 합니다.

다섯 번의 지구 대멸종 사건은 지구 행성의 화산 폭발, 소행성 충돌, 지각 변동 등의 자연 현상이 원인 이었습니다. 자연 활동에 의한 빙하기나 CO_2 농도 변화가 원인 이었습니다. 제6멸종도 결국은 이산화탄소 과잉에 의한 지구 온난화 입니다. 현재 대기 중의 CO_2 농도는 400ppm을 넘어 300만년 전의 플라이오세 중기 이후 최고 입니다.

그런데 제 6멸종의 시작은 지구의 자연 현상이나 우주 활동이 아닌, 최초로 인간에 의한 지구 환경 파괴에 의한 CO_2 농도 증가, 즉 인간에 의한 지구 온난화가 대멸종 원인 입니다. 인간에 의한 동식물의 멸종은 인류의 등장부터 시작 되었지만, 도구를 사용했던 구석기 시대부터 압도적으로 진행되었다고 보면 됩니다. 인간에 의한 멸종은 농업혁명으로 인구가 늘며 가속화 됩니다. 특히 산업혁명 이후인 1700년부터는 인구 폭발로 지구가 회생이 불가능 할 정도로 멸종이 진행 됩니다. 산업혁명 시작 이후의 지구 환경 파괴와 급격한 이산화탄소 증가에 의한 지구 온난화가 원인 입니다. 멸종 주체인 인간이 이제는 멸종의 희생자가 될 수 있습니다. 인간에 의한 대멸종이기에 인간이 해결해야 합니다. 축적된 지식의 활용과 지구적 참여가 필수 입니다. 이족 직립 보행부터 700만년, 호모 사피엔스부터 20만년 동안의 인류 성장과 생물 멸종, 그리고 해결 방안 입니다.

진화론적으로 오늘의 생물이 내일과 다른 것은 너무 당연 합니다. 이러한 진화보다 우리의 기술과 문명 발전 속도가 더 빠르고 커서 생기는 문제가 멸종이고 위협 입니다. 인류는 지능 발전 덕에 진화를 앞서는 기술 문명을 창출하고 있습니다. 기술 문명 발달보다 느린 인류 진화 때문에, 인류는 위험하고 위태롭습니다. 기술 문명의 진화와 자연의 진화가 균형을 이루면 좋겠지만, 기술 문명의 진화가 가속되고 있습니다. 그러나 아직은 인간이 우주적 관점의 사건을 제외하고 자원관점, AI(인공지능) 관점, 핵 관점, 바이오 관점, 지구 온난화 관점의 위협을 제어하고 통제할 수 있습니다. 그러나 시간은 많지 않습니다.

지구에서 유일하게 지식을 탐구하고 축적하는 존재가 인간 입니다. 동물들은 생존과 번식에 힘쓰지, 지적 능력이나 문화 활동에 관심이 없습니다. 7백만년 동안 진화와 성장을 거치며 인류는 호모 사피엔스에 도달 했습니다. 인류는 자연 개발을 우선해서 성장하고 발전 했습니다. 그러나 인류의 지속적 진화를 위해서는 호모 사피엔스의 배타적이고 파괴적인 개발 성향보다는, 다른 생물과의 공존과 공생이 필요 합니다. 그러기 위해서는 자연 친화적 공존과 공생의 지식 축적이 요구 됩니다. 지식 축적과 활용에 있어서 독서는 필수 입니다. 인간의 안락함, 비움 등의 읽을 때 뿐인 자기 존재감 향상의 공허한 지식이 아니라, 공학과 과학의 전문 지식과 사고의 전환을 가져오는 독서와 지식 축적이 요구 됩니다. 전문 지식을 계승하고 축적하는 유일한 지구의 동물이 호모 사피엔스 인류 입니다.

인류 진화보다 빠른 기술 문명 진화는 어쩔 수 없지만, 선한 문명의 가속을 기본으로 했으면 합니다. 그래서 오염되고 병들고 고갈된 지구를 버리는 것이 아닌, 다른 생물들과 공존과 공생이 가능하도록 정화된 지구가 되었으면 합니다. 이러한 방법이 인류가 진화하고 성장하는 방식이 되어야 합니다. 인류는 자연이 포함된 사회를 형성하고, 유지하고, 진화하면서 성장 했습니다.

26. 꿈(Dream)과 희망(Hope)

　　김구 선생님의 꿈은 대한민국이 자주독립의 나라가 되고, 문화 강국이 되는 것이라 했습니다. 아래는 《백범일지》의 일부 입니다.(출처: 김호준 편집자)

　　"독립이 없는 백성으로 70 평생에 설움과 부끄러움과 애탐을 받은 나에게는 세상에 가장 좋은 것이 완전하게 자주 독립한 나라의 백성으로 살아 보다가 죽는 일이다. 나는 일찍이 우리 독립 정부의 문지기가 되기를 원하였거니와, 그것은 우리나라가 독립국만 되면 나는 그 나라의 가장 미천한 자가 되어도 좋다는 뜻이다."

"나는 우리나라가 세계에서 가장 아름다운 나라가 되기를 원한다. 가장 부강한 나라가 되기를 원하는 것은 아니다. 내가 남의 침략에 가슴이 아팠으니, 내 나라가 남을 침략하는 것을 원치 아니 한다. 우리의 부력(경제력)은 우리의 생활을 풍족히 할 만하고, 우리의 강력(국력)은 남의 침략을 막을 만하면 족하다. 오직 한없이 가지고 싶은 것은 높은 문화의 힘이다. 문화의 힘은 우리 자신을 행복하게 하고, 나아가서 남에게 행복을 주겠기 때문이다."

또 가슴을 울리는 말씀이 있습니다.

"우리나라가 독립하여 정부가 생기거든 그 집의 뜰을 쓸고 유리창을 닦는 일을 하여 보고 죽게 하소서!"

나의 꿈은 남북통일이 되면, 한국에서 자동차를 사서 중국, 인도, 중동, 러시아, 유럽을 여행하고, 아프리카를 지나 남아프리카에 가는 것입니다. 여기서 호주로 이동하고, 다시 아르헨티나 최남단으로 이동해서, 남극을 봅니다. 남미, 중미, 북미를 거쳐, 시베리아를 돌아, 한국에 와서 차를 폐차시키는 것입니다. 통일이 안 되어 비행기 타고, 아시아, 아프리카, 유럽, 북미, 호주까지 다녀 왔습니다. 내가 가는 나라의 기준은 '우리가 동굴 속에서, 빈곤하게 살 때 이들은 굴기를 달성해 제국을 이루고 세계를 지배했던 국가인가, 아닌가?'입니다. 그들의 시스템을 알고 싶습니다. 피상적으로 얼마나 알 수 있을 것인가지만 TV에서 보면 우리보다 잘 놀고, 시스템이 우리보다 자유롭습니다. 우리가 급격히 성장했지만, 우리보다 잘 살면 잘 사는 대로, 못 살면 못 사는 대로 자부심이 강합니다. 어디를 가도 국기가 있고, 큽니다. 우리보다 잘 사는 나라는 대부분 민도도 높습니다.

또 하나의 꿈은 제품, 상품을 만들어 외국에 파는 것입니다. 나는 국민의 세금으로 공부했고, 군대도 4주 훈련으로 이병 제대 했습니다. 나라에 보답하고 싶습니다. 이것이 달성되면, 즉 외국에 물건을 파는 무역을 통해 부가가치를 올리면, 그때는 외제 차도 사리라 생각 합니다. 현재는 국산 차만 탑니다. 아직 외국에 물건을 못 팔았고, 학생 등록금으로 월급 받고, 나라 세금으로 연구했으니, 내 나라 것만 씁니다. 2000년 초까지 신토불이를 강조 했습니다. '몸과 땅은 하나다'라는 뜻입니다. 국산품, 대한민국 상품, 내 고장, 내 고향 상품을 애용하자는 것입니다. 무역으로 사는 나라에서 남의 것 안 사 주고, 내 것만 팔겠다는 심보 입니다. 도리가 아닙니다. 지금은 농수산 분야에서도 거의 쓰지 않습니다.

꿈(Dream)은 무엇이고, 희망(Hope)은 무엇일까?

Dream은 노력, 열정, 시간 등 내가 가진 것을 다 투자해야 합니다. 될 수도 있고 안 될 수도 있습니다. 안 되는 경우가 더 많습니다. 달성되면 Dream은 자랍니다. 성장 합니다.
Hope는 희망, 소망, 바라는 것, 원하는 것, 하고 싶은 것 이렇게도 표현 됩니다. 무엇인가를 포기하거나 대체하면 얻을 수도 있고, 도달할 수도 있는 것입니다.

나에게 있어서, 자동차를 타고 아시아와 유럽, 아프리카, 그리고 호주, 남미, 북미를 횡단하고 여행하는 것은 Dream(꿈)이 아닙니다. 나에게 있어서, 굴기의 나라, 제국의 나라를 가 보는 것은 Dream(꿈)이 아니고, 단지 Hope(희망) 입니다. 해 보았으면 하는 것이고, 가 보았으면 하는 것이지, 안 해도 안 가도 크게 고민 되지 않습니다. 가서 보고 느끼는 것이고, 역사의 가정 속에 안타까움은 있지만, 여기서 새로운 성장이 생기는 것도 아닙니다.

그러나 세계에 나의 제품을, 상품을 파는 것, 이것이 나의 Dream(꿈) 입니다. 내가 정성과 노력, 열정, 시간을 투자해야 가능할 것 같습니다. 된다면 세계 어디부터 공략하고, 사람은 어떻게 쓰고, 공장은 어디에 세우고, IT 계열과 연관된 제품을 추가로 개발하고, 홍보는 어떻게 하고, 끝 없이 성장하고 자랍니다. 이게 꿈 입니다.

아직도 꿈을 꿉니다. 계속 고민하고, 생각하고, 추진 합니다.

대우의 고 김우중 회장의 말 입니다.
    세계는 넓고, 할 일은 많다.
삼성의 고 이병철 회장의 말 입니다.
    행하니 이루어지고, 가는 자 닿는다.
애플의 고 스티브 잡스의 말 입니다.
    과거의 점이 미래로 연결 됩니다.
    Stay hungry. Stay foolish.
    (갈망해라. 우직하게 나아가라.)

우리는 우주 탄생 138억 년 동안 장대한 우주여행을 하고 있습니다. 지구는 10만km/h 속도로 우주를 항해하고 있습니다. 우주가 다시 에너지를 잃는 1천억년 동안 우주여행은 계속될 것입니다. 우리의 장대한 우주여행은 은하를 넘어서, 세대를 넘어서 계속될 것입니다. 잡일에 묻혀서, 욕망을 추구하느라, 내일을, 미래를, 우주를 향한 꿈을 잃지 않았으면 합니다.

27. 저 출산과 교육, 그리고 공대생의 꿈

　어둡고 암흑기였던 태평양 전쟁 시절, 10만명당 1명의 독립운동가, 선구자가 있어서, 대한민국이 여기까지 왔습니다. 조용필 노래(김희갑 작사) 중 〈킬리만자로의 표범〉이라는 노래에는 "내가 지금 이 세상을 살고 있는 것은, 21세기가 간절히 나를 원했기 때문이야."라는 가사가 나옵니다. 헤밍웨이가 모티브지만 어떻게 이런 가사를 썼는지 정말 감탄 합니다. 올 것 같지 않은 21세기가 왔고, 22세기를 준비해야 합니다.

지구적 위기는 지구 온난화에 따른 기후 변화 입니다. 대한민국의 최대위기는 저 출산이고, 다음이 인재 편중 입니다.

국가 지속에 필요한 인구 증가율은 2.1명 입니다. 그런데 2021년 대한민국의 평균 합계 출산율은 0.81명, 2022년에는 0.78명, 2023년에는 역대 최저인 0.72명이고, 2024년에는 0.7명 혹은 그 이하로 떨어질 것을 전망하고 있습니다. 2021년 경제협력개발기구(OECD) 38개 회원국의 평균 합계 출산율은 1.61명 입니다. 따라서 2021년에 대한민국 인구가 11,800명, 순 감소 했습니다. 2023년 통계청의 인구주택 총조사에서 2020년 만 19~34세 청년 인구가 1,021만명으로 전체인구의 약 20.4% 입니다. 2050년에는 청년인구가 지금의 절반인 521만명으로 예측됩니다. 2050년에는 대한민국 인구를 100명이라고 가정하면 11명만 청년 입니다. 《조선일보》는 100년 후인 2120년에는 한국 인구가 2,095만명으로, 현재의 절반으로 줄게 됩니다.

나라에는 일정 인구가 필요 합니다. 인구 감소에 대한 대책으로는 청년들에게 부를 쌓을 기회를 주고, 미래의 안정과 희망을 품도록 하는 것이 최선 입니다. 불임 부부를 위한 실험관 아기나 대리모 용어가 아주 낯설지는 않습니다. 수십 년 내에

SF(Science Fiction) 영화에서나 보던 인공 자궁에 의한 생명 탄생이 낯설지 않을 수 있습니다. 그렇지 않기를 바랍니다.

저 출산 대책으로 가족 가치를 재고하자고 합니다. 가족의 전통적 의미가 계속 퇴색하는 지금 맞지 않습니다. 부를 원하고, 미래를 희망하고, 안정을 추구하는 인간의 욕망을 해결하는 것이 저 출산 대책 입니다. 공산주의가 망하고, 자본주의가 지속되고 성장하는 것은, 내가 일한 만큼 갖겠다는 인간 욕망을 충실히 반영하는 제도가 자본주의 이기에 그렇습니다. 시혜성으로 산발적으로 지원하는 저 출산 예산은 청년들 욕망에 비하면 너무 적고, 실제로 도움도 안 되기에 효과가 없습니다. 저 출산은 해결되지 않고, 아까운 세금만 낭비 되는 것입니다.

부를 향한, 내일의 안정과 희망을 원하는 인간의 본능적 욕망 해결이 저 출산 대책 입니다. 사회 인식의 변화가 따라야 합니다. 높은 경쟁 압력과 주거, 고용, 양육이 불안해서 출산하기를 꺼립니다. 사회적으로 개인 노력으로 계층 이동이 어려워, 나의 고통과 희생이 내 자식에게 이어질 수 있기에, 저 출산이 지속되고 있습니다. 기업문화가 변해서 기업의 힘이 가족에서 나온다는 것을 이해 해야 합니다. 기업의 영속성은 기업의 가족 친화형 정책이 있어야 가능하다는 의지가 필요 합니다. 가족은 여성으로 지탱되고 유지되는 것이 아니고, 남성 의식과 협업으로 가족이 탄생하고 유지된다는 의식 변화가 있어야 합니다. 남녀 모두에게 출산이 부담이 아닌 사회와 국가 연속성의 기본이기에 출산에 우호적인 사회 분위기가 필요 합니다. 기업문화가 저출산 해결의 기본 입니다. 대한민국은 사람보다 일이 중요 했지만, 이제는 사람이 훨씬 중요 합니다. 직장의 일이 출산을 방해하는 걸림돌이 되면 안 됩니다. 금전적 지원도 중요하지만 출산에 대한 심리적 부담이 없는 회사와 문화가 필요 합니다. 한국 남성은 권위적 입니다. 권위적 한국 남성에 복종할 대한민국 여성은 없습니다. 개개인의 행복을 위한 사회 인식과 기업문화가 변해야 출산율이 높아집니다. 정부의 직접적 지원, 환경 조성, 시설 지원도 필요 합니다.

생존과 번식, 그리고 적응은 진화론의 핵심 입니다. 비슷한 용어로 유전, 번식, 변이로 표현하기도 합니다. 핵심인 이유는 이것이 원초적 욕망이기에 그렇습니다. 원초적 욕망 해결 방안은 근로 시간을 줄여, 가족과 있는 시간을 늘려야 합니다. 가족의 소중함을 느끼게 해 주어야 합니다. 그리고 직장과 일에서 소속감을 느끼고, 보수가 충분해서 안정이 보장되어야 합니다.

그리고 여성은 자녀 출산으로 그 존재 가치를 충분히 입증 했으므로, 가사 분담에서 3/4, 아니 그 이상을 남성이 책임지겠다는 의지가 필요 합니다. 본질적이고 원초적인 욕망의 해결 책을 찾아야 합니다. 내일이 오늘보다 나을 것이고, 내 세대보다 다음 세대가 더 안정되고 미래가 보장될 것이라는 희망이 있어야 합니다. 삶 자체가 불안정한데, 가족의 소중함과 세대의 이어짐을 생각하기 힘듭니다. 경제적 불안감에 결혼을 미루고, 출산을 안 하는 젊은이가 많은 나라의 미래는 없습니다. 안정과 희망을 바라는 단순한 욕망을 도덕적, 사회적, 제도적 기준으로 덮고 억제하며 시혜성 세금을 산포해서는 백전백패 입니다. 국가에서 300조를 썼지만 출산율 반등은 없습니다. 인간적 본능과 원초적 욕망인 핵심에 집중해야 합니다. 여성은 경력 단절이, 남성은 경제력 부족이 출산의 큰 걸림돌 입니다. 출산하는 여성과 남성 모두에게 출산 휴가 동안은 직장에서 받는 급여 이상을 지급하는 것도 한 방법이고, 자녀의 교육을 국가가 책임지는 것도 방법이 될 수 있습니다.

대한민국은 신생아가 너무 적습니다. 부모들 입장에서 힘든 자녀에게 자식을 강요하기도 어렵습니다. 오죽하면 나이든 부모가 가능하면 손자를 낳아 주고 싶다고 하겠습니까? 낳는 것보다 키우는 것은 더 어려운 대한민국 입니다. 그런데 부모들이 자녀에게 모든 것을 완벽하게 다 해주려는 자세가 오늘의 대한민국을 만든 것인지 생각 합니다. 자녀가 고등학교, 대학교 나오면 잊으세요. 부모에게는 부모의 인생이, 자식에게는 자식의 인생이 있습니다. 동물의 왕국에서도 새끼가 성장하면 독립 시킵니다. 불교에서 해탈을 통해 보살이 되려면, 인연을 끊어야 합니다. 인연 중에 가장 질긴 인연이 부모와 자식의 연 입니다. 동물보다도 덜 진화 했고, 득도보다는 기복 신앙이 뼈 속 깊이 스며든 한국인 입니다. 절에 가면 기와장에 새겨진 글을 봅니다. 복을 기원하고 악귀를 좇는 글 중에서 자식, 남편 혹은 아내, 그리고 부모의 범위를 넘어선 것을 본 적이 없습니다. 절의 기와장에서 공동체를 발견 할 수가 없습니다. 가족이 우리의 한계이기에 인연도 질깁니다. 그래도 대한민국은 출생률 반전을 이끌어야 합니다.

출산을 강요하는 것은 사회적 테러라고 합니다. 자녀를 갖는 것이 득이 됩니다. 700만년의 진화 역사가 증명하고 있습니다. 젊을 때는 아쉬울 것이 없고, 무엇이든지 가능할 듯 합니다. 그러나 나이 들고, 힘들 때가 필연적으로 찾아 옵니다. 자녀가 힘들 때만 필요한 것이 아닙니다. 그냥 누군가에게 모든 것을 줄 수 있고, 서로를 생각하는 관계가 부모와 자식 관계 입니다. 책임지고 희생할 대상이 있을 때 사람은 깊이 생각하고 최선을 다 합니다. 자녀를 통해서 본인을 되돌아보고, 자신의 성장과 자존감을 회복할 수도 있습니다. 사회를 연속시키고, 공동체를 지속시키는 인류의 노력에 동참하는 것은, 나의 편이 있을 때 가능 합니다. 누군가 절대적으로 내편이 있다는 것이 큰 위로가 되지 않습니까?

경제적, 정치적, 사회적, 국가적 지원도 중요 합니다. 대한민국은 저 출산율을 반전시키기 위해 경제적, 정치적, 사회적, 국가적 지원이 높아 졌지만 출산율을 계속 하락하고 있습니다. 자녀를 갖기 주저하는 직접적 요인 중 첫째는 높은 주거비이고, 둘째는 사교육비 때문 입니다. 현재 정부의 지원은 이것을 상쇄하지 못하고 있습니다. 세계 평균이 1,5명 정도인데, 세계 최저가 대한민국이고, 그것도 매우 낮은 세계 평균의 50%도 안되는 0.7명을 기록하고 있습니다. 대한민국보다 못사는 나라, 잘사는 나라를 불문하고 모두 우리보다 출산율이 높습니다. 대한민국의 소멸이고 멸종 단계 입니다. 안 해본 것 중 하나가 사회적 분위기 조성입니다. 출산에 대한 사회적 인식을 바꾸어야 합니다.

출산은 개인의 선택이지만, 저 출산에 영향을 미치는 나홀로 공인들을 방송에서, 연예계에서, 스포츠계에서 차단시켜야 합니다. 나홀로 사는 것이 행복이라는 공인들을 퇴출해서, 사회 분위기를 바꾸어야 합니다. 나홀로 공인은 대한민국의 연속성과 행복감을 앗아가는 범죄자 입니다. 마약을 하고, 범죄를 시도해야만 대한민국이 파괴되는 것이 아닙니다. 저 출산으로 대한민국이 붕괴되고 행복도가 바닥 입니다. 출산에 대한 각종 직간접적 지원과 함께 사회의 범죄자인 나홀로 공인들이 방송에, 연예계에, 스포츠계에 나와서, 자녀 없는 것을 자랑스럽게 홍보하는 범죄 행위를 차단시켜야 합니다. 방송국 PD와 연예계 종사자는 물론이고 온 국민이 동참해야 합니다. 다수에 의한 다수의 행복인 공리주의 철학에도 위배되고, 사회를 연속시켜야 하는 의무론 철학에도 위배되고, 공동체주의를 파괴하는 사람들이 나홀로 공인 입니다. 나홀로 공인인 범죄자를 대한민국과 사회에서 퇴출해서, 사회 정의를 실현하는 것이 출산율 반등의 시작 입니다. 나홀로 공인이 저 출산의 시작과 끝은 아닙니다. 그러나 영향을 미치기에 이들을 차단하고 고립시켜야 합니다.

　동물의 기본 욕구인 생존과 번식 본능으로 오늘의 인류가 있습니다. 산업과 기술 발달은 본능보다는 이성을, 집단보다는 개인을 우선시 합니다. 우리가 합리적인 이성을 우선했다면, 개인의 이익이 최우선이므로 인간은 이기적이 됩니다. 현대의 이기적 유전자는 살기가 힘드니 인류가 종말을 맞는 것이 최선이라고 판단해서 선택 합니다. 그래서 인류는 내 세대에서 종말을 맞을 것입니다. 자녀를 낳고 키우는 것이 쉽지 않다고 이성은 몰아 붙입니다. 힘들고 각박한 현대에서 생존하려면 자녀를 줄여야 한다고 이성은 강요 합니다. 나홀로 공인이 공개적으로 나와서 사회 분위기를 자녀 없는 사회로 확산 시킵니다. 해보지 않은 일이고 경험 입니다. 그러나 힘든 것은 잠시이고, 사랑과 행복으로 감내할 수 있는 것이 자녀와 부모 관계이고, 이것이 원초적 본능이고, 40억년 동안의 지구 동식물의 진화 결과 입니다. 진화는 이성보다 경험과 감정, 그리고 본능에 우선 했기에 오늘의 우리가 존재 합니다. 진화가 이성에 기초했으면 인류는 오래 전에 멸종 했을 것입니다. 우리의 연속성을 유지하고, 원초적 본능을 깨우기 위해, 멸종을 방지하기 위해, 과감하고 핵심적인 지원책을 제시해야 합니다. 나홀로 공인을 우선하는 사회분위기를 바꾸어야 합니다. 대한민국의 소멸과 호모 사피엔스의 멸종을 두고 볼 수는 없습니다.

 나홀로 공인의 퇴출을 또 다른 문화계 블랙리스크로 간주해서 아무도 시도하고 있지 않습니다. 문화계 블랙리스트는 정권에 우호적인 인사를 우선해서 지원한 것이 문제 입니다. 나홀로 공인의 퇴출은 선별적이 아닙니다. 대한민국이 당면한 최대 문제이기에 정권과 무관 합니다. 저 출산 사회에서 혼자 사는 것이 행복이라는 나홀로 공인의 퇴출은 너무도 당연 합니다.

   지난 정부의 공과 검증이 이루어지고 있습니다. 정치적인 의미도 있을 수 있습니다. 가장 잘못된 것은 자산 가치 상승으로 청년들의 욕망과 꿈을 완전히 좌절 시킨 것입니다. 성실하게 일하는 힘든 청춘의 사다리를 걷어차고 철퇴를 가한 것과 진배 없습니다. 우리만 그런 것이 아니고 전 세계가 비슷하다고 항변 합니다. 그렇게 이야기할 거면 무엇 하려고 지도자가 되었습니까? 잘못 된 정책의 여파가 더욱 큰 대한민국 입니다. 또 다른 잘못은 복지를 빌미로 만연한 포퓰리즘 입니다. 대한민국은 인력 뿐입니다. 지방 자치 예산을 무시한 퍼 주기 경쟁이 도를 넘는 경우가 있고, 이제 근면, 성실의 대한민국에 대충 일하고 살려는 풍조가 생겼습니다. 또 다른 하나는 구호와 달리 기득권 세력의 저항을 타파하지 못한 점 입니다. 문명이 발전할수록 기득권 세력의 저항은 완강 합니다. 의과대학 입학 정원 증가가 기득권의 수익 감소를 이유로 하는 저항에 정부가 굴복 했었고,

4차 산업혁명에 기반한 새로운 시도가 실패 했습니다. 당장은 표가 나올지 몰라도 결국은 모두의 손실 입니다. 공산주의는 절대자를 대변하는 부패 때문에 망하고, 민주주의는 선거 때마다 등장하는 포퓰리즘과 기득권의 저항으로 퇴보 합니다.

인구 감소에 따라 국민연금 지급 여력이 떨어져, 2040년에는 적자가 시작되고, 2055년에는 국민연금이 소진 될 것으로 재정계산위원회는 보고하고 있습니다. 2023년 국제통화기금(IMF)은 연금 개혁이 불발되면 50년 뒤에는 정부부채가 국내총생산(GDI)의 2배가 될 것을 경고하고 있습니다. 전기요금 합리화도 권하고 있습니다. 화석연료에 기반한 전기요금이 신재생 에너지 요금보다 저렴한 4% 이내에 드는 국가가 대한민국 입니다. 한국의 정부부채는 공무원연금과 군인연금을 포함하면 GDP(국민총생산)의 110%를 넘어 섭니다. 고령화된 선진국의 2배에 달하고 있습니다. 이렇게 국가가 어려워지고 있지만, 22세기를 이야기하는 지도자는 드뭅니다. 모두들 총선과 대선의 표 계산만 하고 있습니다. 현재의 문제를 교육제도 혁신을 기반으로 집단 지성으로 해결하자는 분도 있고, 1명의 혁신가가 10만명을 먹여 살린다고도 합니다. 2023년 12월의 국가교육위원회의 교육개혁은 하향 평준화를 지향해서 실패 입니다. 오늘의 교육개혁으로는 평범한 사람은 양성되지만, 대한민국을 성장시킬 혁신가가 나오기 어렵습니다.

지난 한국을 돌이켜 봅니다. 과거의 점이 미래의 선이, 면이 될 수 있습니다. 60년대 박정희 대통령과 0.001%, 400명의 기업인과 혁신가들이 합심해서 여기에 왔다고 생각 합니다. 0.001% 400명은, 십만명당 1명을 의미 합니다. 0.001%에 정주영, 이병철, 김우중 등의 한국을 일으킨 1세대 기업인을 포함해도 전혀 무리가 없습니다. 세상은 변했고, 더는 정부의 리더십을 기대하기도 난망 합니다. 사업의 규모가 예전의 기업체가 아닙니다. 대한민국에 한정해서 사업을 해서는 안 된다는 것을 압니다. 기업이 정보도 빠르고, 대처도 빠릅니다. 정부와 정치가가 사업의 장애물이 안 되기를 바라는 단계 입니다.

10만명당 1명을 의미하는 0.001%, 500명의 혁신가가 반드시 자연계일 수도 없고, 그렇게 되어서도 안 됩니다. 그렇지만 이들의 대부분이 자연계이기를, 자연계였으면 합니다. 누가 무엇이라고 해도 대한민국은 제조업 기반 사회이고, 그렇게 구성되었습니다. 제조업 없는 국가는 모래 위에 있는 국가 입니다.

대한민국은 제조업 강국으로 부상했지만, S/W는 너무 취약합니다. 그렇지만 21세기는 제조업 기반의 산업 일꾼을 원하는 사회가 아닙니다. 20세기 대한민국의 산업 일꾼은 교육받고, 산업체에서 근무하며, 산업체를 부흥하는 역군들 이었습니다. 그런 인재 시대는 갔습니다. 20세기 후반부터 21세기 전반기의 근면 성실한 산업 일꾼의 인재상은 과거의 유물 입니다. 이들이 필요 없다는 이야기가 아닙니다. 시장이, 차지하는 비율이, 요구 정도가, 추구하는 세상의 발전 방향이 달라졌다는 것입니다. 대한민국의 갈 길은 제조업 기반의 산업 일꾼이 아닌, 제조업 기반 S/W, 지식정보 S/W를 활용하고 융합하고 복합하는 공학기술이 기반이어야 합니다.

1900년대 후반기, 한국의 국가 성장률은 5% 이상, 심지어는 10%의 고성장 국가였는데, 선진국이 된 21세기는 2% 내외 입니다. 선진국이 되면 국가 성장률이 당연히 2% 내외로 떨어지는 것으로 생각 했습니다. 선진국에서 범용 제품을 생산하는 것은 인건비 비중이 커서, 개발 도상 국가로 사업체를 이전해서 생산하기 때문 입니다. 그래서 한정된 첨단 업종의 고부가 가치 산업에 치중할 수 밖에 없어서, GDP(국내총생산)는 하락 합니다. 일본, 영국, 독일, 프랑스에 적용 됩니다. 미국은 우리보다

GDP가 높아지고 있고, 실업률도 우리보다 매우 낮습니다. 미국은 4차 산업혁명을 위한 S/W 기반을 갖춘 거의 유일한 국가 입니다. 이에 더하여 첨단 제조업 육성을 추구 합니다. 미국은 애플, 마이크로소프트, 그리고 구글 등의 S/W 기술 혁신과 함께, 첨단 제조업 육성을 위해 반도체, 배터리, 자동차 등의 제조업 육성에도 박차를 가하고 있습니다. 지식정보 S/W와 제조업 기반 S/W를 통해 각각의 혁신과 융합하고 복합해서 성장을 지속하겠다는 의지 입니다. 범용 제품도 자동화로 인건비 상승을 상쇄 시키고 있습니다. 또 다른 21세기와 22세기 패권국으로서 지위를 유지하고자 하는 미국 입니다.

기획재정부는 한국은 GDP(국내총생산) 중 제조업 비중은 약 28%이고, 이것은 세계 2위 입니다. 세계 1위는 GDP에서 제조업 비중이 약 30%를 차지하는 중국 입니다. 경제협력개발기구(OECD) 제조업 평균 비중은 13%이고, G7보다는 한국의 제조업 비중이 10% 이상 높습니다. 미국이 11% 정도이고, 프랑스와 영국의 제조업 비중은 10% 이하 입니다. 대한민국은 서비스업 비중이 낮은 것이 문제점으로 지적되기도 하지만, 대한민국이 제조업 중심 국가라는 것을 부정하기 어렵습니다. 대한민국은 감탄할 만한 조상의 유적도, 감명 깊은 자연의 풍광도 적습니다

. 지속적인 관광 수지 적자가 이를 증명 합니다. 인적 기술력 향상이 동반되지 않는 유적과 천연 광물을 보유한 국가 중 부유한 국가는 매우 드뭅니다. 관광업은 서비스 정신이 기본이지만, 한국은 관광업에 내세울 상품이, 서비스할 것이 적습니다.

제조업의 기본은 품질이고 혁신 입니다. 품질과 혁신은 인력 수준이 좌우 합니다. 결국은 인력 입니다. 관광업 관련 상품이 적어서, 대한민국은 인력과 공학기술에 의존하는 세계적 제조업 국가가 국가의 성장 동력이었고, 그럴 수 밖에 없었습니다. 그러나 제조업을 이끌어 세계에서 경쟁해야 할 혁신가급 인재가 내수용 의사와 법조인에 몰려서 국가 경쟁력이 쇠퇴하고 있습니다. 인재양성 교육 시스템도 수월성 교육과 하향 평준화로 세계 공학기술 추세에 역행 합니다. 대한민국은 하류 국가를 향해 자발적으로 가고 있습니다. 내수의 실패는 자체적으로 회복되지만, 세계 공학기술 경쟁에서의 실패는 경제 식민지의 시작이고, 공멸 입니다. 특히 서비스업이 부족한 대한민국은 치명적 입니다.

18세기에 시작된 1차 산업혁명은 인간 노동력을 기계의 힘으로 대체하는 산업혁명 입니다. 스티븐슨의 증기 기차로 대변 됩니다. 20세기 초에 시작된 2차 산업혁명은 전기의 발명으로 컨베이어 시스템의 대량생산 혁명 입니다. 컨베이어 시스템을 도입한 포드 자동차가 예 입니다. 20세기 후반의 3차 산업혁명은 PC의 등장으로 시작된 지식정보 혁명 입니다. 2015년 이후의 4차 산업혁명은 초연결을 통한 지능화된 데이터(Data) 사회 입니다. 점점 산업혁명 주기가 빨라지고 있습니다.

22세기의 미래 가치와 의제에 대해 이야기하는 사람이 많지 않습니다. 미래 가치와 의제의 1번 안건은 인력 입니다. 인력을 어떻게 양성할 것인가를 정해야 합니다. 분명히 새로운 프레임과 패러다임이 요구되는 시기 입니다. 공학기술 발전 추세가 가파르고, 현재 상황이 어렵습니다. 그러나 내일은 고사하고, 100년 후는 언감생심 입니다. 국가교육위원회(www.ne.go.kr)는 위원장 1인, 상임위원 2인, 17명의 비상임이사로 구성되어 있습니다. 여기에 위원장과 상임위원은 70대와 60대 후반의 문과계열 입니다. 비상임위원도 대부분 문과계열이고 자연계열은 2명 내외 입니다. 이러니 문과 기준으로 하향 평준화해서 교육 정책을 결정 합니다. 교육은 100년 대계라고 하고, 10년 단위 중장기 계획을 세운다고 합니다. 60년대 70년대 고정된 사고로, 문과 편향된 인력으로는 고정된 사고와 문과 편향된 결과만 도출 합니다. 전공 이수 학점이 계속 축소 되고 있어서, 대한민국의 상황과 공학기술의 중요성을 반영 못 합니다. 21세기 대한민국은 공학과 과학이 살길이라고 이야기 합니다. 그런데 결정은 문과 살리기와 교양 살리기에 집중 되고 있습니다. 전공 이수 학점의 감소와 교양 학점의 증가는 비례하고, 국가의 쇠퇴도 비례할 겁니다. 국가교육위원회 뿐만이 아니고 대부분 문과 출신이 국가 정책을 결정합니다. 국가교육위원회는 세계 기술 조류와 대한민국이 나갈 길에 너무나 무지해서 무지의 죄가 너무나 크고, 대한민국 발전을 가로 막는 21세기 이완용 입니다. 이러한 국가교육위원회는 국가 발전은 커녕 국가 퇴행의 원천 입니다. 차라리 국가 필요 사항과 세계 조류를 모르면 결정 내리지 않고, 사퇴하는 것이 맞습니다. 무지한 것은 죄 입니다. 너무도 중요한 결정을 내리면서 너무 무지 합니다. 국가의 모든 위원회 위원장을 이 땅에서 살고 미래를 책임질 30대, 40대, 50대로 교체해야 합니다. 구성원도 현 학생과 사회 구성원 비율로 결정해야 합니다. 문과 이과의 균형이 필요 합니다. 그래야 바른 결정과 책임질 결정이 나옵니다. 60대 이상은 사회의 책임과 국가에 대한 책임을 내려 놓길 바랍니다. 60대 이상이 내리는 결정은 미래 대한민국을 위한 결정이 아니라, 과거와 자신을 위한 21세기 이완용의 결정 입니다.

100년 후를 예측하기 어렵습니다. 1900년대 초에 예측했던 대부분이 기술이 직간접적으로 이루어졌습니다. 이 중심에는 인간이 있었지만, 향후 100년 후에도 인간이 중심일지는 아무도 자신하지 못 합니다.

과학적 결정론에 따르면 인과 관계로 모든 것을 설명할 수 있다고 했습니다. 뉴턴의 고전역학에 기반한 것이고, 우주의 창조론과 유사해서, 이미 정해진 계획과 결과 대로 일이 진행되는 것을 의미 합니다. 선택의 의미가 없습니다. 20세기 들어서 양자역학이 등장하며 위치와 속도를 동시에 측정할 수 없는 하이젠베르크의 불확정성 원리가 등장 합니다. 카오스와 같은 세상에 고전역학의 정해진 미래라는 것에 금이 갑니다. 다시 거시적 예측이 등장 합니다. 분자나 원자 단위의 작은 규모의 미래 예측은 어렵지만, 규모가 큰 사회나 문명 단위는 예측 가능하다고 주장 합니다.

사람은 미래를 알고 싶어 합니다. 예측이 쉽지 않습니다. 과거의 경험과 데이터 의미가 작아졌지만, 틀릴지라도 100년 후의 한국 사회에 대한 예측이 필요하고 준비가 필요 합니다. 새로운 변화에 대한 대처가 필요 합니다. 새로운 경향은 ① 저 출산에 따른 인구 감소와 고령화 시대, ② 디지털화 및 자동화 시대의 도래, ③ 지구 온난화와 같은 환경 변화, ④ 탈 지구화 혹은 우주화 등이 열거 됩니다. 이들 문제의 해결책을 생각하며, 어떤 미래를 어떻게 만들 것인가를 선택하고 결정하고, 행동해야 합니다.

열역학에 가역(Reversible), 비가역(Irreversible)이 있습니다. 물질이 고온 상태에서 저온으로 되는 것은 자연스러운 가역 상태 입니다. 그러나 그 반대, 저온을 고온으로 하려면 많은 에너지와 힘이, 그리고 조건이 필요 합니다. 이것을 비가역이라고 합니다. 이과대학, 공과대학, 인문대학과 순서는 나름 가역적 입니다. 그러나 그 역순이 불가능 하지는 않지만, 쉽지 않습니다. 이것이 특징적(Unique)인 대체 불가능한 공대생의 특징 입니다. 새로운 것을 하려면 축적의 시간과 공부와 노력, 그리고 풍월이 필요 합니다. 공대생은 중간자로서 모든 분야에서 축적의 시간과 풍월을 가지고 있습니다. 그러기에 공대생은 전체적으로 가역적(Reversible)이며, 작은 에너지로 비가역(Irreversible)도 극복할 수 있습니다.

혁신가인 10만명당 1명, 0.001%, 500명의 공대생만으로 22세기를 대비하기는 벅찹니다. 500명의 혁신가와 20%의 공대생 전문가가 필요 합니다. 대한민국의 선단은 제조업 기반 S/W, 독자적인 S/W를 활용하고 융합하고 복합해서 가치를 설계하고 창조할 수 있는 공대생 선원이 충분해야 합니다.

그래도 다행 입니다. 지난 70년의 준비 덕분에, 우리는 기반을 가지고 있습니다. 새로운 혼돈기 입니다. 법은 사후 대책 입니다. 철학 있는 공학기술 인력이 우리의 미래 입니다. 손 놓고 흘러가는 대로 두고 볼 수는 없습니다. 우리가 세계 흐름을 주도하는 국가가 아니기에 더욱 그렇습니다. 대한민국의 미래는 한국인이 결정해야 합니다. 남이 원하는 것이 아닌, 누가 뭐라고 해도 자주적으로 내가 선택한 길을 가고 싶습니다. 나의 운명은 내가 결정하고 싶습니다. 그래서 나는 최선을 다 합니다. 1910년의 치욕스러운 경술국치를 다시 당할 수는 없습니다.

20세기까지는 기술을 아는 체하는 것이 가능 했습니다. 그래서 사장님은 후계자를 경영수업 시킨다고 후계자를 경제학과에 많이 보냈습니다. 즉 돈의 흐름을 아는 것이 회사 운영 이었습니다.

2022년 재계 순위 30위 내의 기업 책임자 출신 분류
(출처: 공정거래 위원회, 학사기준)

단과대학(학과)	기업명-최고책임자(재계순위)
공과대학	LG 구광모(4), 카카오 김범수(15), 네이버 이해진(22)
이과대학	SK 최태원(2)
상경대학	현대 정의선(3), 롯데 신동빈(5), 한화 김승연(7), GS 허창수(8), 현대중공업 정몽준(9), 두산 박정원(16), LS 구자은(17), DL 이해욱(18), 중흥 정창선(20), 하림 김흥국(27), HDC 정몽규(28)
정치학과	효성 정현준(29)
법학과	CJ 이재현(13)
인문대학/교육학	삼성 이재용(1), 미래에셋 정현주(21), 현대백화점 정지선(24)
미술대	신세계 이명희(11)
정부출연기관	포스코(6), 농협(10), KT(12), S-Oil(23), HMM(25)
기타	한진 조원태(14), 부영 이중근(19), 금호아시아나 박삼구(26), 영풍 장현진(30)

그러나 21세기 최첨단 공학기술 경영으로 세상이 바뀌면서 공과대학 및 이과대학 비중이 높아지고 있습니다. LG 전자 및 LG 이노텍의 구광모 회장, 카카오의 김범수 회장, 네이버의 이해진 회장, 그리고 SK하이닉스의 최태원 회장이 증거 입니다. 물론 삼성의 이재용 회장, 그리고 현대자동차의 정의선 회장은 이공계가 아닙니다. 그러나 이들도 공학기술 경영을 우선하지, 돈에 의한 회사 경영을 우선하지 않습니다. 21세기 기업 추는 공과대학으로 기울었습니다. 30대 기업집단이 추구 하는 공학기술 경영과 사장단 등을 고려할 때, 기업은 공과대학과 공학기술을 추구하고 있습니다. 오늘날 대한민국 학생이 원하는 의료인과 법조인은 30대 기업집단에서 그 비율이 전무 하거나 적습니다. 학과를 주요 지표로 삼은 이유는 세상을 보는 관점이 대학과 20대에서 정립되고 고정되기 때문 입니다.

2023년 월간 현대경영이 매출액 기준 100대 기업의 CEO를 조사 했습니다. 1994년에는 이공계 출신이 28.3%이었지만, 2023년에는 이공계가 43.8%입니다. 상경, 사회계열의 문과보다 근소하게 작은 수치이고 조만간 이공계 출신이 많아질 겁니다. 돈의 흐름보다 리더들이 공학기술의 흐름을 알아서, 공학기술 혁신을 선택하고 추진하는 것이 중요 합니다. 공학기술 혁신만이 세계 1등이 될 수 있습니다. 혁신적 공학기술 개발은 혁신적인 인력이 있을 때 가능 합니다.

돈은 함께, 남이 나를 위해서 일해야 큰 부를 축적할 수 있지, 내가 직접 일할 때는 한계가 있습니다. 공고한 기득권을 가진 의료인과 법조인은 약자를 상대로 본인이 직접 일해야 합니다.

상대적으로 의료인과 법조인은 약자를 상대하는 강자이기에, 문턱을 넘은 이후로는 경쟁이 없기에, 이익과 안정만을 추구하는 기득권이기에 개혁과 변화를 거부 합니다. 정치권 역시 기득권 입니다. 이들은 모두 내수용 입니다. 내수용 기득권 강자들은 변화 없이 일반인보다는 수준 높게 오래 버틸 수는 있겠지만, 정상적으로 큰 부를 축적하기 어렵습니다. 그래도 기득권이기에 변화와 혁신에 더 저항 합니다. 치열한 경쟁에서 울고 웃는 몰입을 경험 못 한 기득권은 대한민국에, 세상에 태어난 이유를 생각하고, 소명(Mission)을 수행하기를 거부 합니다.

세상은 다양한 경험을 원하고 있습니다. 아픈 이를 치료하는 것도 필요하고, 약자를 돕는 것도 중요 합니다. 다양한 경험과 시도가 인생을 풍부하게 하고, 꿈(Dream)을 키우고, 소명

(Mission) 의식을 일깨웁니다. 우리는 나만 잘 먹고, 잘 살기 위해서 대한민국에, 세상에 온 것이 아닙니다. 나만 잘 먹고, 잘 살기 위해서는 의료인과 법조인 아니어도 가능 합니다.

세계 속에서 경쟁하며, 소명(Mission)을 수행하기 위해 우리는 21세기를 치열하게 개척하고 있고, 그 길은 공대생의 길 입니다. 우리가 존경하는 애플의 스티브 잡스, MS의 빌 게이츠, 테슬라의 일론 머스크, Meta의 마크 저커버그, OpenAI의 샘 알트만, Moderna의 스테판 방셀, nVIDIA의 젠슨 황 등은 공학기술을 기반으로 세계 최고 기업을 일군 리더들 입니다. 나 만을, 내 인생 만을 생각해서는 대한민국과 세상에 태어난 이유를, 소명(Mission)을 찾을 수 없습니다.

21세기와 22세기는 공학기술이 고도화하고 지능화 됩니다. 아는 체가 안 됩니다. 공학기술을 배우고, 알고, 실행하고, 평가 능력을 가진 전문가는 공대생 입니다. 기업 경영은 돈의 흐름이 아니라, 공학기술의 방향 입니다. 돈이 가는 곳에 기술이 있는 것이 아니고, 공학기술이 있는 곳에 돈이 모입니다. 이제는 경영 교육이 아니라, 공학기술 교육이 필요 합니다.

예측할 수 없는 변화에 대응하고, 미래를 예측하려고 하는 것, 이것이 공대생의 자세 입니다. 미래 경향과 의미, 그리고 영향을 알아야 합니다. 현재와 미래의 공학기술의 의미를 성찰하고 준비해서 실행하고, 그 결과를 평가할 수 있는 사람은 공대생 입니다.

21세기와 22세기, 공대생이 일하고 부를 축적할 환경과 제도 구축이 필요 합니다. 하루 아침에 되지 않습니다. 투자하고, 환경 구축하고, 보호해야 지식 정보 S/W 산업이 일어날 수 있습니다. 지식 재산권 강화하고, 연구원의 노력과 희생을 인정하고, 보상해 줄 때 공대생도 청춘과 젊음을 투자 합니다. 공대생에게, 연구원에게 미래를 맡긴다며, 투자를 최소화하면서 최대효율을 추구 합니다. 20세기 추격자(Fast follower) 전략에서는 최소 투자와 최대 효율이 가능했지만, 가치 설계와 가치 창조의 선진국 대한민국에 맞지 않습니다. 연구 개발은 자금의 투자나 효율성보다는 시간의 투자 입니다. 연구 개발 아이템이 결정됐으면 거의 무한 투자가 이루어져야 시간이 단축 됩니다. 공학기술 개발과 함께 시간과의 싸움이 연구 개발 입니다. 연구 개발을 수행하는 것은 사람이고 인재 입니다. 기술보다 우선할 것이 인재 입니다. 공대생 육성과 공학기술 육성은 말로만 되지 않습니다. 인력 양성, 연구 개발 환경 보호에 투자가 필요 합니다. 2024년 국가 R&D 예산은 삭감되었고, 국가교육위원회는 교육의 방향을 하향 평준화로 결정 했습니다. 세상은 도전과 응전이고 여기서 꺾일 수는 없습니다. 도전 받고 응전을 못 하면 사라지는 것이고, 응전해서 부흥하면 다시 일어나는 것입니다. 국가교육위원회의 구성 변화를 요구해야 합니다.

맡은 분야에서 묵묵히 최선을 다하며, 공학기술을 개발하고, 미래 혁신을 꿈꾸는 자는 공대생 입니다. 이들이 있기에 21세기와 22세기 창조적 공학기술 혁신이 가능한 것입니다. 1차, 2차 산업혁명까지는 공대생 역할보다는 이론가와 발명가의 역할이 컸습니다. 1900년대 후반부터는 공대생의 역할이 커졌고, 21세기와 22세기는 공대생의 역할이 절대적 입니다. 내수용인 정치가, 법조인, 의사는 세계 속에서 경쟁하고 성취할 공대생을 대신할 수도, 대체할 수도 없습니다. S/W와 H/W 공학기술을 아는 자만이 미래를 이야기할 수 있고, 미래를 이끌 수 있습니다. 그들이, 내가 공대생 입니다.

한반도를 벗어나 세계에, 그리고 우주에 의미를 줄 수 있는 사람은 누구 입니까? 우리는 집에만 있어도 시간당 15도를 회전하고, 공전 속도가 107,280km/h인 지구라는 우주선을 타고 있는 존재 입니다. 지구가 속한 태양계, 태양과 같은 항성을 약 18억개 가진 우리은하 입니다, 우리은하와 유사한 것을 2조개 가진 우주에 우리는 있습니다. 우주 역사 138억년, 지구 나이 46억년 동안 장대한 우주를 여행하고 있는 우리 입니다. 우주 속에서 우리와 지구의 좌표를 실제로 확인하고 방향을 정할 사람은 공대생 입니다.

21세기, 22세기는 공대생의 공학기술 결정 시대가 될 것입니다. 당위성만 이야기 말고, 이들에게 부를 실현할 기회를 주고, 미래의 희망과 안정을 주어야 합니다. 제조업 기반 S/W, 독자적인 S/W를 활용하고, 융합하고, 복합해서 가치를 설계하고 창조할 수 있는, 21세기 공학기술 혁신을 선도하며, 세계와 경쟁할 공대생이 필요 합니다. 공대생이 22세기 대한민국의 미래 입니다.

"우리는 우주에 구멍을 뚫으러 왔습니다.
그렇지 않으면 다른 이유가 여기 있습니까?"

고 스티브 잡스의 신념 입니다.

목표나 업적이 나 만을 위한 것이라면

너무 초라하지 않습니까?

대한민국과 세계에 기여하고 싶습니다.

부 록

"공대생은 생각한다" 글을 마치며

 "공대생은 생각한다 version 1.0"를 쓰면서 고민하고 생각한 부분 입니다. 이글 중 일부는 저자가 쓴 "공대생도 생각하는가"에 실었던 글 입니다. "공대생도 생각하는가"는 초판이라 추가적으로 내용을 보완해서 함께 실었습니다. 이글은 고등학교 수준 이상의 사람을 대상으로 방향성과 생각할 것을 제시하고 있습니다. 보다 전문적 지식을 원하면 더 수준 높은 글을 보시기 바랍니다.

 우리 글은 쉽지만, 동사가 끝에 있어서, 문장이 길어져서, 주제와 문맥을 잃는 경우가 있습니다. 이것을 방지하고자 글을 간결하게 썼습니다. 그래서 글이 쉽다는 의견이 많습니다. 또 다른 특징은 국내 서적은 자료가 부족해서 신뢰성이 떨어지는 점이 불만 이었습니다. 반면 외국 서적은 자료가 너무 많아서, 1/3 이후는 내용이 비슷해서 대충 읽습니다. 책을 마지막 장까지 흥미 있게 읽었으면 해서, 신뢰성 높은 자료를 최소한만 인용 했습니다.

 1-2장은 지식, 지혜, 그리고 창의성에 대한 생각 입니다. 지금은 창의성을 중시하는데 한국인은 창의성이 부족하다고 합니다. 아닙니다. 창의성은 경험하고 훈련하면 증진될 수 있습니다.
 3장은 기술혁명에 대한 생각 입니다. 기술혁명은 지속되지만 부의 양극화로 우리가 차지할 지분은 줄어서, 우리는 더욱 힘들 것입니다.
 4-8장은 일, 자아실현, 행복, 급여, 노동가치, 그리고 경제와 시간의 의미를 기술 했습니다. 또한 직장 생활에서 유의할 것과 성공에 대한 의미를 썼습니다.
 9-11장은 지도의 의미와 동서양의 차이, 그리고 지도를 읽는 좌표의 의미를 기술 했습니다. 또한 기술을 대하는 Open System과 Close System에 대해서 생각해 보았고, 대한민국도 이들 시스템을 자유롭게 선택하는 강국을 기대 합니다.
 12-14장까지는 과학과 공학, 공대생과 이과 및 문과생의 차

이를 생각해 보았습니다.

15-16장에서는 기술적 관점의 임진왜란과 독립운동가에 대한 생각 입니다.

17-26장까지는 공대생이 생각하는 20대의 기질과 종교, 대한민국의 위상과 도덕적 수준에 대한 생각 입니다. 취미와 여행을 통한 힐링(Healing)에 대해 생각 합니다. 대한민국의 기질과 인류의 진화, 그리고 꿈에 대한 글 입니다.

27장에서는 저 출산과 교육의 방향, 그리고 22세기에 있어서 공학기술의 의미와 공대생의 역할을 썼습니다.

이글은 공대생만을 위한 글이 아닙니다.

지식, 지혜, 창의성과 연관된 공학기술을 설명 했습니다. 공학과 과학의 차이, 꿈과 도전에 대해 쓴 글 입니다. 대한민국의 의미와 독립운동가의 의미에 대해서도 생각 했습니다. 22세기 공대생을 위한 R&D와 응용기술에 대한 글 입니다. 대한민국의 수월성 교육과 문과와 자연계를 통합해서 치르는 대학 수학능력 시험의 성공 유무와 함께 세계 공학기술 경쟁도 이야기 합니다. 지구적 위기인 온난화와 환경 문제, 그리고 대한민국의 저 출산과 인재 편중에 대해서도 생각 했습니다.

대한민국에 살고 있는 모두의 화두이고, 세계 경제 대국 13위를 하는 대한민국이 생각할 내용들 입니다. 그래서 학생과 부모가 미래의 진로를 고민할 때 읽어도 좋고, 급변하는 이 시대를 사는 한국인에게 자료적으로도 생각적으로도 의미가 있습니다.

이글을 쓴 이유는 서점에 공과대학 출신이 쓴 기술 서적은 많지만, 생각하는 글이 너무 적었습니다. 연구 개발에 매진했기 때문 일 것입니다. 이글은 AI(인공지능) 도움 없이 쓴 글이지만, AI보다 중요한 것은 사실적 경험과 현장에서 나오는 아이디어와 감동 입니다. 공학기술 시대에 현장 경험과 감동은 공과대학 출신만이 가능 합니다. 다른 대학 출신들은 현장 상황과 아이디어를 얻지 못 해서, 감동과 현실감을 주기 어렵습니다. 공대생도 공학기술 기반의 소설, 드라마, 웹툰, 영화 대본을 썼으면 합니다. 첫 술에 배부를 수는 없습니다. 쓰면 수준이 올라 갑니다.

공대생은 가역적(Reversible) 존재이고,
공학기술은 문(펜)보다 무(칼)보다 강하게 문명을 창출 합니다.